2011~2017年

河南省水文发展报告

河南省水文水资源局　编著

U0235924

黄河水利出版社

图书在版编目(CIP)数据

2011～2017 年河南省水文发展报告/河南省水文水
资源局编著. —郑州:黄河水利出版社,2018. 9
ISBN 978 – 7 – 5509 – 2148 – 1

Ⅰ. ①2… Ⅱ. ①河… Ⅲ. ①水文工作 – 研究报
告 – 河南 – 2011 – 2017 Ⅳ. ①P337. 261

中国版本图书馆 CIP 数据核字(2018)第 220347 号

组稿编辑:李洪良 电话:0371 – 66026352 E-mail:hongliang0013@163. com

出 版 社:黄河水利出版社
　　　　　地址:河南省郑州市顺河路黄委会综合楼 14 层 邮政编码:450003
发行单位:黄河水利出版社
　　　　　发行部电话:0371 – 66026940 66020550 66028024 66022620(传真)
　　　　　E-mail:hhslcbs@ 126. com
承印单位:河南瑞之光印刷股份有限公司
开本:889mm ×1 194 mm 1/16
印张:4. 75
字数:85 千字　　　　　　　　　　　　　　印数:1—1000
版次:2018 年 9 月第 1 版　　　　　　　　　印次:2018 年 9 月第 1 次印刷

定价:60. 00 元

2011年2月15日省委省政府主要领导听取水文工作汇报

武国定副省长到淮滨水文站检查指导工作

2013年4月部水文局领导在潢川检查调研

2012年6月王树山厅长到水文局检查工作

2017年5月18日部水文局（水利信息中心）副局长倪伟新等观摩淮河流域和长江流域应急通信协同演练

2014年6月原喜琴局长、沈兴厚主任陪同部水文局林祚顶副局长一行到新乡进行地下水水质采样调研

水利厅党组书记刘正才听取水文局党委书记李斌成汇报水文应急防汛工作

孙运锋厅长一行到紫罗山水文站检查指导

原喜琴局长检查指导周口水文建设（2011 年拍摄）

李斌成书记一行到尖岗站检查规范化建设

岳利军副局长带领工作组到新疆水文局指导工作（2012年拍摄）

王鸿杰总工程师带领专家组到西藏水文局指导工作（2017年拍摄）

2011年11月11日河南省水文水资源局揭牌仪式

2013年4月19日我省首个县级水文水资源局成立

2012年全省水文工作会议

2015年全国水文工作会议河南分会场

2017年3月15日全省水文工作暨党风廉政建设会议

2013年省局机关学习贯彻十八届三中全会精神会议

2016年6月30日河南省水文水资源局纪念建党95周年暨"七一"表彰大会

2016年9月29日中共河南省水文水资源局第三次代表大会

2016年9月29日河南省水文水资源局第三次党代会新一届党委成员与厅直属机关党委领导

2014年精神文明创建动员大会

2017年重阳节老干部座谈会

2014年黄河流域水文监测工作座谈会

水文系统2012年度决算布置会

2013年水文志第一次会议

不忘初心　牢记使命（2013年拍摄）

廉政文化教育馆参观学习（2017年拍摄））

走进军营（2014年拍摄）

为上蔡县程老村小学捐助书本和学习用品（2015年拍摄）

义务植树　绿化家园（2017年拍摄）

比出团结　赛出风采（2017年拍摄）

"水文杯"河南水利系统乒乓球比赛（2016年拍摄）

道德讲堂

水事宣传

人才培养

最美水文人

喜迎十九大文艺汇演

2011年6月23日河南省中小河流水文监测系统规划会

2012年6月22日中小河流水文监测系统建设项目实施方案评估会

2012年9月24日河南省中小河流水文监测系统采购项目合同签订仪式

2014年1月10日中小河流水文监测项目整改工作会

水文应急指挥通讯车（2017年拍摄）

省中心机房（2017年拍摄）

会商室（2017年拍摄）

防汛演练（2016年拍摄）

声学多普勒流速剖面仪测流

淮滨抢测（2017年拍摄）

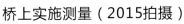

桥上实施测量（2015拍摄）

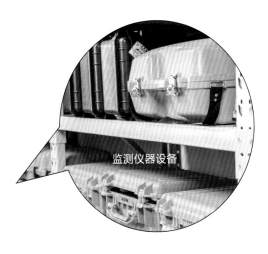

监测仪器设备

安阳河电波流速仪测流（2016年拍摄）

无人机（2017年拍摄）

信阳潢川水文站（2017年拍摄）

唐河水文站（2015年拍摄）

燕山水库水文站自计井

平顶山涧山口水位站（2013年拍摄）

南阳西峡重阳水库水位站（2017年拍摄）

三门峡金山水位站（2016年拍摄）

三门峡卫家磨水库水文巡测站（2016年拍摄）

南阳内乡湍河水文巡测站（2017年拍摄）

信阳浉河琵琶桥水文巡测站（2017年拍摄）

安阳林州任村水文巡测站（2017年拍摄）

鹤壁水文巡测基地（2015年拍摄）

信阳水文巡测基地（2017年拍摄）

焦作水文巡测基地（2015年拍摄）

驻马店泌阳中心站（2017年拍摄）

郑州水文中心站施工建设（2017年 拍摄）

洛阳栾川中心站（2016拍摄）

雨滴谱仪

郑州城区雷达测雨设施（2017年拍摄）

测雨雷达（2015年拍摄）

雨量观测（2017年拍摄）

雨量观测（2017年拍摄）

雨量观测场（2017年拍摄）

墒情地下水检修(2014年拍摄)

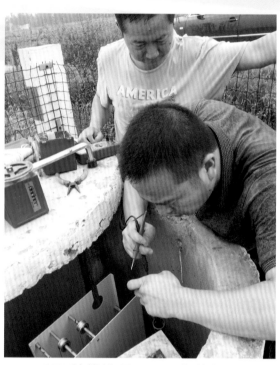

RTU接线处理（2014年拍摄）

测量埋深（2014年拍摄）

水利部地下水监测工程项目办来河南指导工作（2016年拍摄）

国家地下水项目技术交底会（2016年拍摄）

国家地下水工程项目推进会（2016年拍摄）

现场测量井径（2016年拍摄）

检查岩芯库（2016年拍摄）

测量井深（2017年拍摄）

下管（2017年拍摄）

保护筒（2017年拍摄）

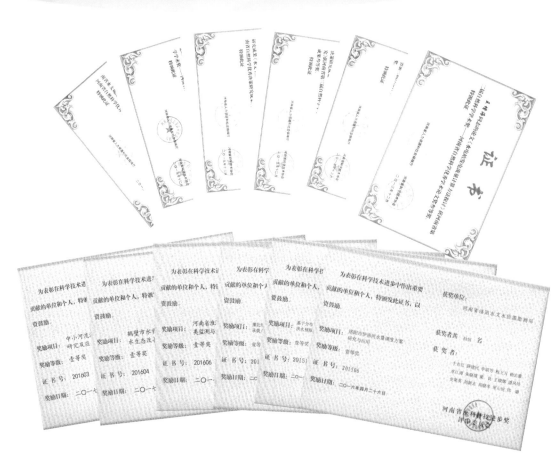

《2011～2017年河南省水文发展报告》
编撰委员会

顾　　问　原喜琴

主 任 委 员　李斌成

副主任委员　杨传斌　　江海涛　　岳利军　　王鸿杰　　赵彦增

　　　　　　沈兴厚

委　　员　郑立军　　李中原　　郭德勇　　王冬至　　何俊霞

　　　　　　崔新华　　禹万清　　付铭韬　　袁建文　　于吉红

　　　　　　杨明华

编撰办公室

总　　撰　李斌成

副 总 撰　王鸿杰　　江海涛

执行撰稿人　宾予莲　　杜付然

主要撰稿人　刘冠华　　李　洋　　姚广华　　冯　瑛　　常俊超

　　　　　　许　凯　　於立新　　王　磊　　关　迪　　陈　楠

　　　　　　宋金喜　　苏顺奇　　崔亚军　　燕　青　　肖　航

　　　　　　张　冰　　赵海东　　慕丽云　　李　博　　史秀霞

　　　　　　罗清元

摄　　影　江海涛　　於立新　　刘　航　　郑　革　　黄振离

　　　　　　李振安　　郭　宇　　吴庆申　　郑连科　　游巍亭

　　　　　　闫寿松　　陈顺胜　　席献军　　李春正　　李　鹏

　　　　　　张　宇　　徐明立　　赵恩来

前　言

　　《2011～2017年河南省水文发展报告》按照水文业务分类进行编写，由综述、综合管理、规划与建设、水文站网、水文监测、水情服务、水资源监测与评价、水质监测评价、信息化建设、科技教育十部分组成。

　　《2011～2017年河南省水文发展报告》从宏观管理角度，力求系统、准确地阐述河南水文发展史上极不平凡的七年历程，记述了河南水文改革发展的成就和经验，全面客观地反映了水文工作在我省经济社会发展中发挥的作用，为开展水文行业管理、制定水文发展战略、指导水文现代化建设等提供参考。本报告内容也是亮点纷呈、成绩突出、水文事业发展最快的七年的成果总结，在这七年里，全省水文系统紧紧围绕经济社会发展新形势，立足新时期治水思路和"大水文"发展理念，加快推进从"行业水文"向"社会水文"转变，抓基础、促改革、强管理，水文管理队伍建设快速发展，水文投资规模创历史新高，水文水资源监测能力显著增强，水文服务手段和水平不断提升，为河南经济建设和社会发展提供了基础保障和重要的技术支撑。

编　者

2018年9月9日

目 录

第一部分　综　述

　　2011～2017 年是河南水文发展史上极不平凡的七年,是亮点纷呈、成绩突出、历史发展最快的七年。在这七年里,我们紧紧围绕治水新方略和"大水文"发展理念,抓基础,促改革,强管理,水文投资规模创历史新高,水文水资源监测能力显著增强,水文服务手段和水平不断提升,为河南经济建设和社会发展提供了重要的技术支撑。

　　河南省委、省政府和各级地方党委政府高度重视水文工作,各级领导多次亲临水文部门检查指导水文工作。2011 年时任省委书记卢展工、省长郭庚茂等领导来到河南省水文水资源局(简称省局)水情中心进行视察;2013 年时任河南省长郭庚茂、副省长刘满仓等再次来到省局水情中心视察。2013 年 7 月 8 日河南省长谢伏瞻视察省局水情中心并对全省水文工作给予了充分肯定。

　　2013 年 4 月 19 日,河南省首个县级水文水资源局在信阳市潢川县成立,水利部水文局邓坚局长到场祝贺并向潢川县水文水资源局负责人授牌。当月,首次以河南省水利厅名义组织召开了全省水文工作会议。2017 年 12 月 14 日,河南省水利厅党组书记刘正才、副厅长孙运峰、刘玉柏等一行到省水文水资源局调研指导,重视程度前所未有。

一、水文工作面临的形势

　　当前和今后一个时期,经济社会发展形势有利于水利和水文改革发展工作的基本面没有变,机遇和挑战并存,水文工作面临着新的要求,任务更加艰巨,责任更加重大,前途也将更加光明。

　　(一)经济社会发展对水文提出新要求

　　"十三五"是全面建成小康社会的决胜阶段,党中央确立了创新、协调、绿色、开放、共享五大发展理念,做出了关乎经济社会发展全局的战略部署。习近平总书记指出:必须从中华民族长远利益考虑,走生态优先、绿色发展之路,使绿水青山产生巨大的生态效益、社会效益、经济效益。国务院印发《生态文明体制改革总体方案》和《水污染防治行动计划》,这些都与水文息息相关。随着国家新型工业化、信息化、城镇化、农业现代化的同步发展和生态建设的迫切需要,社会发展对水资源信息的需求大幅增加,对水文工作提出了新的要求。这就需要我们进一步解放思想,紧紧围绕经济社会发展新需求,积极推进改革创新,全面提升水文工作对社会公共服务水平的支撑能力。

(二)深化水利改革对水文提出新任务

党的十九大报告把坚持人与自然和谐共生纳入新时代和发展中国特色社会主义的基本方略,把水利摆在九大基础设施网络建设之首,深化了水利工作内涵,指明了水利发展方向。水文是水利科学发展的重要基础,是做好民生水利的重要支撑。水文要紧跟水利改革发展步伐,充分发挥基础保障和技术支撑作用,为构建适应时代发展要求的民生水利保障体系提供可靠的信息和技术服务。我们要牢牢把握经济社会发展的新形势,紧紧围绕新时期治水思路,持续推进"大水文"发展战略,深化水文改革、强化水文管理,加快推进水文现代化建设。

(三)全球气候变化对水文提出新挑战

全球气候变化是当今世界共同面临的重大课题。当前,全球气候变化已经引起降水的变化、冰川雪山的减少、海平面的上升,洪涝干旱灾害发生的强度和频率明显增强,局部地区强暴雨洪水、极端高温干旱以及超强台风等事件呈突发、多发、并发趋势,对经济社会发展和生态环境系统产生重大影响。同时,受人类活动影响,流域下垫面条件发生改变,河道演变加剧了水文情势的复杂多变,如何应对全球气候变化形势,提升应对气候变化的响应能力,减轻全球气候变化对经济社会的影响,是水文工作面临的一项新挑战。这就需要充分发挥现代科技在水文工作中的引领作用,加强气候变化对水文水资源的影响评估和定量分析、对极端水文事件的影响研究,以及对水生态水环境影响的研究,加强应对突发水旱灾害的水文应急监测及预测预报能力建设,为防灾减灾提供可靠支撑。

(四)水文自身改革发展面临新问题

当前,国家经济发展步入新常态,水文工作在经历了一个中高速建设发展阶段后,面临资金投入减少和运行维护费用加重的双重压力,需要加快转变工作思路、建立长效运行管理机制;水文测站大量增加、现代化仪器设备广泛应用,对水文人才队伍的数量和质量提出了更高要求,水文人员编制和人才结构如何适应事业发展成为当务之急;大水文发展要求水文工作拓展业务领域、提升服务能力,加快适应地方经济社会各项涉水工作的需要;随着大水文、大服务的不断推进,传统水文的体制机制已越来越不适应新形势发展需要,水文事业发展与大水文发展目标和要求还有差距,迫切需要通过改革机制体制、优化队伍结构、创新用工方式,为水文事业更好更快发展夯实基础、强化能力。

（五）积极践行服务河长制,大力夯实水文监测基础

全面推行河长制是水治理体制和生态环境保护制度的重要创新,是落实绿色发展理念、推进生态文明建设的必然要求。这对水文服务提出了更高要求,不仅需要强化水文监测的力度和广度,更需要密切与地方政府和相关部门的协调融合。水文如何乘势而上,抓住发展机遇,主动发挥作用,是我们迫切需要思考、解决的重要问题。要围绕河湖管理保护要求,在现有水文站网基础上,结合自然河系与行政区域,进一步优化水文站网、拓展监测覆盖范围,强化行政区界和水功能区监测力度,大力推进水生态监测工作,建立健全水量、水质和水生态监测评价体系,着力提升水文监测能力,为维护河湖水质达标、用水安全提供基础保障。

二、水文工作取得的主要成效

（一）防汛抗旱的基础支撑作用更加突出

2017年底全省水文雨量、水位遥测站点增至4093处,遥测雨量信息代替人工报汛在全省顺利实施。2011年成功应对了洛阳、三门峡、南阳局部地区30年来最大秋汛;2015年准确地发布了史灌河、白露河超警戒水位的较大洪水以及频发的局地性暴雨洪水预警;2016年"7·19"暴雨洪水的成功测报,在应对特大暴雨洪水中发挥了突出作用,先后两次受到陈润儿省长的表扬;在2012~2014年连续三年全省出现的严重旱情中,各测站加密测报段次,水情处开展雨水情信息的对比分析计算、综合评估分析以及调水应急监测服务和枯水预警服务,为实时指导农业生产、抗旱减灾发挥了重要作用。

（二）水资源管理和保护的服务能力显著提升

为加强水资源水量水质同步监测,编制了《水资源管理指标方案》、《水资源保护规划》、《河南省南水北调受水区地下水压采实施方案》等。同时积极发挥在水资源"三条红线"管理中的技术支撑作用,开展实施最严格水资源管理制度考核自查报告、水功能区达标考核自查报告的编制以及河南省汉江流域内各行政区"三条红线"指标制订,确定全省重要江河湖泊水功能区考核名录,建立健全水功能区达标考核评价体系,参加对有关地市实行最严格水资源管理制度的考核工作。为确保石武高铁及京珠高速安全运行,在李粮店矿区高铁及高速公路沿线布设了专用地下水自动监测系统。引进先进水质监测仪器设备、对全部实验室进行环境改造,大大提高了水质分析的范

围和精度,全面实现了地表水环境质量标准29项基本项目的全分析、有毒有机物监测的常态化。水功能区监测实现了全覆盖,实施了水功能区监督监测、地下水水质监测、藻类试点监测等,开展了实验室间能力比对及能力验证,在水利部持续三年的七项制度考核评比中,全省10个实验室全被评为优良以上。完成全国第一次水利普查河南省河湖普查工作,为建立河湖基础信息数据库发挥了重要作用。

（三）水文基础设施建设取得显著成效

经过七年建设,河南省中小河流水文监测系统建设项目顺利通过竣工验收。国家地下水监测工程建设任务全部完成,建设国家级地下水自动监测站712个,全部信息都能够按要求上传至水利部地下水管理中心;大江大河水文监测系统、水资源监测能力与饮水安全应急监测工程有序推进,积极做好验收准备。水资源监控能力建设(二期)项目正在加紧推进,按时完成年度建设任务。郑州水文中心站建设顺利实施,工程主体完成封顶。成立前坪水库水文测报项目建设管理机构,完成水库水情自动测报系统工程建设任务。

（四）水文信息化建设及水文科研不断加强

水文信息化建设步伐加快,积极实施了水文信息网网站群、水文站网信息管理系统、远程视频监控系统、档案管理系统、综合办公系统、水文数据应用管理服务系统等信息化服务平台的建设,不断丰富水文服务的形式和内容。规范完成水文资料整编、水文年鉴恢复刊印等基础性工作,填补了历史水文资料13年中断刊印的空白。加强科研攻关,取得了一批成果,《河南省沿黄地区水资源配置与经济社会可持续发展研究》等7项成果获省科技进步奖,《河南省水文志》修编工作基本完成,进入刊印阶段。

（五）特色水文发展新模式初步形成

水文管理体制改革实现新进展。河南省水文水资源局2010年12月正式升格为副厅级事业单位,确定2名副厅级职数,5名正处级职数。省局机关内设8个职能处室,规格相当于副处级。下设18个市级水文水资源勘测局,副处级规格,明确书记、局长2名副处级职数。2011年底完成领导班子组建;2012年成立鹤壁、焦作、三门峡、济源四市水文水资源勘测局,实现全省18个省辖市全部设置市级水文机构。2012年5月省局各处室及各勘测局领导到位。2012年豫编办〔2012〕211号文件核定,增加机关党委专职副书记1名。2015年厅党组对省局领导班子进行了调整补充,重新确定了水文机构实行事业单位法人、局长负责制的新体制。

2013年河南省第一个行业与县级政府双重管理的水文局潢川县水文水资源局挂

牌成立。

在推进水文事业改革与发展的进程中,省局积极探索、大胆实践,编制完成了《河南省水文监测管理改革方案》,按计划已完成首批 18 处水文测区组建,现正加快推进第二批测区组建工作,到 2020 年将完成全部改革任务,水文改革走在了全国水文系统的前列;编制了《河南省水文业务经费定额标准》,为年度财政规划编制、业务经费保障和水文事业的长期稳定发展奠定了基础;全面实施了汛期雨量观测自动测报,初步改变了长期以来雨量委托人工报汛的运行模式。水文事业改革呈现出渐次展开、破浪前行的新景象。

(六)全面从严治党成绩斐然、精神文明建设成果丰硕

认真学习贯彻党章党规和习近平新时代中国特色社会主义思想,严明党的政治纪律和政治规矩,党的政治建设不断加强。坚持全面从严治党,构建了"明责、定责、督责、考责、问责"五位一体的责任体系,管党治党责任层层落实。扎实推进"两学一做"学习教育常态化制度化,党员干部理想信念更加坚定,党员先锋模范作用充分发挥。探索开展基层党组织规范化建设,建立党建工作示范点和联系点,构建"互联网+党建"平台,基层党建科学化水平明显提高。坚持正确用人导向,贯彻新时期好干部标准,干部队伍结构进一步优化。积极践行监督执纪"四种形态",贯彻执行中央八项规定实施细则精神和省委、省政府 36 条办法精神,水文系统政风行风作风明显好转。群团组织发挥桥梁纽带作用,深入开展群众性精神文明创建,实现了全系统文明单位全覆盖。河南省水文水资源省局被命名为"省级文明单位"、7 个水文水资源勘测局被命名为"全省水利文明单位"、15 个勘测局被命名为"市级文明单位";评选出 39 个"文明水文站"和 5 个"文明水文站标兵"。全系统多个单位和个人荣获"河南省水利系统五一劳动奖状(章)"、"河南省水利系统工人先锋号"等荣誉称号。

全省水文事业的发展成果来之不易,这是认真贯彻落实省委、省政府和厅党组决策部署的结果,是"大水文"发展理念不断深入践行的结果,是全省水文系统广大干部职工团结协作、真抓实干的结果。在看到成绩的同时,更要清醒地认识到水文工作自身存在的不足和问题:面向社会、面向基层的水文服务还十分薄弱;服务民生水利、水资源管理、水生态文明建设的能力还不够强;水文管理体制还需进一步理顺;水文基础设施长效运行管理机制有待建立。

第二部分　综合管理

一、政策法规体系建设

为加快推进法规体系建设,全系统深入贯彻落实《中华人民共和国水文条例》及《河南省水文条例》,强化系统内部制度建设,健全长效管理机制,全面推进依法行政,为深化水文改革和发展保驾护航。

(一)法规建设

2016 年 8 月 19 日,《河南省水文监测管理改革方案》经水利厅批准实施。该方案是在综合考虑行政区划及流域水系实际基础上,首次将全省 18 个地市划分为 66 个水文测区单元并成立相应的水文机构,以实现对全省 367 处水文站、168 处水位站、4093处雨量站、1900 余眼地下水监测站等各类站点的精准管理。目前,按照改革方案各项工作正在稳步推进,到 2020 年,将基本形成以水文测区为单元的全省水文监测管理基本框架。河南省水文监测管理改革是我省水文事业发展史上的重要里程碑,该方案的实施,对于推进我省水文事业更加全面有效地服务地方经济社会发展,具有重要的现实意义和深远的历史意义。2016 年 11 月 30 日颁布实施的《河南省水文业务经费定额标准》为规范河南水文监测行为,申请运行维护经费提供了依据,为水文年度财政规划编制、业务经费保障奠定了基础。

此外,省局先后出台了《中共河南省水文水资源委员会议事制度》、《中共河南省水文水资源局委员会理论学习中心组学习制度》、《河南省水文水资源局工作管理制度》、《河南省水文水资源工程建设管理文件汇编》等多项制度规定,建立起了一套科学、规范、运行有效的制度体系。

(二)水文执法

为发挥水文事业在国民经济发展中日益突出的重要作用,规范化、法制化的管理势在必行,唯有此才能有力地保证水文事业健康发展。

1.加强水政监察队伍管理与建设

2011 年,对全省水文执法人员进行重新登记,领换水政监察证,并统一着装。

2013 年 3 月 25～26 日,省局在南阳举办水政执法程序模拟演练培训班。邀请有多年执法经验的专家,对具体执法过程中的程序、要求、注意事项和具体案例进行深入讲解,对学员提出的问题进行解答,并在南阳水文站进行现场模拟执法演练。

2. 查处水事案件,维护水文条例权威

全省水文系统在依法保护水文设施、处理水事纠纷、宣传水文法规、打击违法犯罪等方面,成效显著。七年中查处各种水事案件 37 起,挽回经济损失 350 万元。省局在有关部门的大力支持和协助下,依据《中华人民共和国水文条例》和《河南省水文条例》查处一批违法涉水案件:2011 年,汝州市政府在未经上级水行政部门许可的情况下,擅自在汝州水文站测验断面下游保护区内修建 3 号橡胶坝,其回水直接影响到汝州水文站,造成该站测验断面及水位自动测报系统功能丧失;长垣县交通运输局在未办理任何手续和行政许可的情况下,擅自在天然文岩渠大车集水文站测验断面上游20m 处进行围堰建桥,直接影响正常水文测验工作;2011 年入汛,驻马店遂平,商丘砖桥、李集和新乡大车集,开封大王庙等水文站,发生因当地公路桥建设和河道整治影响正常测验工作事件等都及时得到制止和合理赔偿,维护了河南水文工作正常有序开展;2012 年驻马店汝河下游河段护坡工程建设,严重影响班台水文站监测设施的运行,造成该站不能正常进行水文测验。经协商处理,新蔡县水利局一次性支付班台站补偿费 4 万元,用于水文缆道和自记井设施的维护和基础护砌加固。同年,信阳淮滨水文站发现在测流断面左岸缆道钢塔旁有违法造船现象,严重影响河道行洪、水文测报设施安全,阻碍了水文测报正常开展。省局主动与当地水行政主管部门、防汛指挥部等有关部门沟通,违法造船行为得到及时制止,所造船只离开测流断面缆道钢塔。

3. 水文测验场地确权划界

为防止地方与水文站因地界、地权发生纠纷。根据《河南省水文条例》有关条款,完成了重要水文站、中心站划边定界,确立界桩、界碑以及水文设施标志规范等工作。对 119 个水文站划定测验保护区,设立界牌 136 块。此举将水文测验断面保护区地面标识明晰化,不仅结束了长期以来水文测验环境界定模糊、管理困难的被动局面,而且对优化水文工作环境、开展水行政执法、保护水文设施提供现实依据。

二、水文体制机制建设

积极践行"大水文"发展理念,抓基础,促改革,强管理,水文管理体制工作取得可喜成绩。

（一）机构升格顺利实施

2010年12月，经河南省人事厅编制办公室（简称省编办）批准省局机构规格由正处级升格为副厅级，确定2名副厅级职数，5名正处级职数。省局机关内设8个职能处室，规格相当于副处级。下设18个市级水文水资源勘测局，副处级规格，明确书记、局长2名副处级职数。2012年，经省编办批准，增加机关党委专职副书记1名。2014年，经省编办批准增设纪委书记1名为班子成员，增设监察室，规格为副处级。河南省作为全国唯一地跨四大流域的省份，机构的升格必将为河南水文的行业管理、更好地行使权力和履行职责提供坚实的组织保障，对于河南水文长远发展将起到重大而积极的影响。一是与有关部门联系更顺畅，影响力不断提升。升格后省局主要领导参加厅长办公会议，水文地位和影响力在不断提升和加强。在与流域机构争取项目、争取资金等方面协调接洽更为顺畅。省局下属18个勘测局，具有跨流域、跨地区工作的特点，点多、面广、线长，由于机构规格较低，难以和地方政府联系协作，与有关部门协调也较困难。机构升格后，在中小河流建设中，项目的选点、征地、施工与地方协调事宜较多，省局主要领导可以直接与地市市长、副市长对接，大大提高了工作效率和工作力度。二是机构升格使水文作用更有效发挥。升格后水文部门积极参与到地方经济社会发展规划的制订和地方涉水活动中，水文的基础作用和服务得到重视，合理化建议的提出和科学决策更具话语权，同时对水文职工的工作积极性也有极大的提高。水文部门可以及时了解地方经济社会发展和地方涉水活动要求，对跨市以及外省相关部门进行协调协作更为顺畅，机构的升格为更好地发挥水文的基础支撑作用提供了坚强的组织保障。三是对水文的长远发展更为有利。河南省水资源短缺，分布不均，水污染严重，作为专门从事水资源监测评价的水文机构在水资源统一管理、防汛指挥决策、规划设计以及与水有关的国民经济建设方面将发挥越来越重要的作用。机构的升格从体制上解决了水文水资源管理与经济社会快速发展的不相适应的问题，将大大提升为地方经济社会服务的水平和质量。

（二）机构设置更加科学

根据《河南省事业单位机构编制管理办法》和《河南省机构编制委员会办公室关于河南省水利厅所属事业单位清理规范意见的通知》要求，2013年3月《河南省水利厅关于省水文水资源局机构编制方案的批复》（豫水人劳〔2013〕22号），按照"精简、统一、效能"的原则，对省局机关和18个勘测局机关"三定"方案进行批复，明确了职能、编制及机构，进一步理顺了各勘测局机构的管理工作。

（三）县级水文机构双重管理工作有新突破

2013 年 4 月 19 日,潢川县水文水资源局正式成立,接受省、县两级双重管理,这是我省成立的首个县级水文机构,填补了我省县级水文机构的空白。标志着河南水文管理体制改革取得了新的进展,将为河南水文事业的发展起到积极的示范和推动作用。潢川县水文水资源局实施双重管理,将充分发挥水文为地方经济社会发展服务的功能,有效地参与地方的防汛抗旱、水资源管理、水生态与水环境保护等各种涉水事务,对完善水文管理体制,促进当地经济社会发展具有重大现实意义和深远影响。

（四）纪检监察机构逐步健全

2014 年经省纪委同意设立河南省水文局纪委、监察室。2015 年省编办批准省局增加 1 名正处级领导职数,用于配备纪委书记,1 名副处级领导职数,用于配备监察室主任。纪委书记及监察室的设立,为更加有力地贯彻落实中央和省委关于"两个责任"的决策部署,更好地适应新形势对纪检监察工作的新要求,提供了坚强的组织保障。鉴于我省水文站网分布广、人员高度分散,建设任务重、管理难度大的特点,纪检监察部门的设立更有利于落实好党风廉政建设的监督责任,更有效地抓好水文事业内部监督和自我约束工作,为巩固和保障全省水文事业的发展保驾护航。

（五）水资源管理工作更加全面

2016 年 7 月,省编办批准河南省水资源监测中心更名为河南省水资源监测管理中心,赋予河南水文一定的管理职能。有利于更好地承担水资源开发、利用、节约和保护及水资源规划论证、取水许可、水权制度建设、水权交易等相关技术工作;有利于承担水量水质监测评价和水资源制度考核、监控系统运行管理、信息统计、技术培训等工作。

（六）水文测验改革不断深化

《河南省水文监测管理改革方案》批准实施。省局紧跟部水文局和水利厅党组改革的步伐,经过深入调查研究,反复征求各方面意见,完成《河南省水文监测管理改革方案》,2016 年 8 月 19 日经水利厅正式批复实施。根据省水利厅批复文件,将全省 18 个省辖市划分为 66 个水文测区单元并成立相应的水文机构,以实现对全省各类站点的精准管理。批复文件中明确了测区水文机构的名称、级别、管辖范围、人员等,机构设置为正科级,配备局长(中心主任)1 名,副局长(中心副主任)1 ~ 2 名,要求 3 ~ 5 年完成改革任务。2016 年 18 处县级水文机构及 2017 年 19 处县及水文机构已获水利厅批复,目前 2016 年批复的县级局领导班子已组建到位。将有力地推进县级水文机构管理、打造县级水文服务平台、改革水文基层体制,对于推进我省水文事业更加全面有效地服务地方经济社会,具有重要的现实意义和深远的历史意义。

三、水文教育培训

省局一贯高度重视职工教育培训工作,不断推进教育培训的深度和广度,切实落实好《干部教育培训工作条例》。通过近几年的不懈努力,呈现出"四注重四增强"的特点。即:注重理念更新,对职工教育工作重要性的认识普遍增强;注重制度配套,管理的科学化、规范化程度得到增强;注重能力建设,职工教育的针对性和实效性得到增强;注重职工教育结果使用,专业技术人员参训的内动力有所增强。2015 年省局被水利部授予"第九届全国水利行业技能人才培养突出贡献奖"荣誉称号。

(一)强化岗前培训

对近几年水文系统招收的 127 名高校毕业生进行岗前培训,并到测站一线实习实践,使其尽快熟悉掌握各项水文业务实用技术,适应工作环境,尽快进入"角色"。各局利用汛后时间,集中对职工进行水文测验规范、水文资料计算机整编、水文情报预报、水文数据库的管理和使用等专项业务培训。

(二)多形式开展继续教育

利用河南省专业技术继续教育培训平台,组织专业技术人员进行公需科目和专业理论知识学习,实现全省专业人才全覆盖。有 13 名处级干部、24 名科级干部在省直机关党校干部理论班进行轮训;14 名干部参加水利部举办的领导干部理论培训班,17 名干部参加站长培训班;16 名同志参加水利厅在清华大学举办的高级人才培训班。对新提任的干部定期邀请厅纪检组及厅人事劳动处领导,在加强政治意识、勤政务实意识、责任意识、廉政意识等方面进行授课,达到预期效果。全系统各类工人共 201 人参加各类等级考试,通过率达 80% 以上。

(三)注重提升基层业务骨干的整体素质和综合能力

举办多期水文业务技术骨干培训班,全面提高基层水文站业务技术人员测、整、报水平,全面提升基层测站业务技术骨干及勘测局技术人员在水文测验、水文资料整编、水情报讯、水量调查、水质监测技术等方面的业务能力,培训业务骨干 491 人,大大提升了职工业务技术水平,为推动河南省水文又好又快发展奠定了良好的基础。

四、水文宣传

水文宣传紧密围绕水文中心工作与发展大局,不断创新宣传模式,拓宽宣传渠道,坚持把服务水利和经济社会发展作为宣传的重要内容,为水文社会影响力和话语权的提升发挥了重要作用。

（一）高度重视政策法规的宣传

结合每年的世界水日和中国水周,开展形式多样的《中华人民共和国水文条例》和《河南省水文条例》及相关政策法规的宣传,配合省、市人大开展贯彻《中华人民共和国水文条例》和《河南省水文条例》执法检查和宣传。对全省水文系统开展党的群众路线教育实践活动、"三严三实"专题教育、贯彻中央"八项规定"、"两学一做"教育、全面深化水文改革等进行了广泛宣传。

（二）积极构建宣传网络体系

2014年河南省水文信息网网站群上线运行,设置有水文新闻、行业动态、专题报道、精神文明等栏目,丰富了宣传手段。网站群运行以来每年发布水文信息超过500条,被上级有关部门采纳的超过50条,各级党委、政府对水文工作有了更加全面的了解。2016年5月,省局微官网完成开发并试运行,同时结合工作实际制定了《河南省水文水资源局微官网信息发布管理暂行办法》。

（三）利用新媒体多角度宣传水文工作

通过电视、报刊、广播、互联网等媒体宣传水文工作对经济社会发展做出的重大贡献及水文职工的先进事迹和无私奉献的崇高精神,树立水文行业形象,提升水文的品质,增强水文在全社会的影响力。全省水文系统在坚守《中国水利报》、《江河潮》、《河南水利与南水北调》等传统报刊媒体阵地的同时,努力抢占网站、电视、手机等新媒体阵地,扩展宣传渠道和方式。2011年2月15日,央视《新闻调查》栏目编导王晓清等3名记者,针对贯彻中央一号文件精神,加强水资源管理与保护,到郑州水文局采访地下水情况,2月19日,央视深度新闻评论节目《新闻调查》,以"干旱　城市的反思"为题播出此次采访内容;2012年汛前平顶山电视台记者实地采访白龟山水文站汛前准备情况;唐河县电视台也实地采访省水文系统测报防洪实战演练全过程。2011年1月26日,27年坚守在偏僻、艰苦基层测站的芦庄水文站站长丁金良,因劳累过度倒在工作岗位上的事迹,深深地感动着全系统每一名水文职工,其先进事迹先后以《永把忠诚献水文》、《丁金良:27年坚守,直到生命最后一刻》、《我死也要死在水文站》为标题,分别在《河南党建网》、《河南工人日报》、《中国水利报》进行宣传报道。《中工网》、《工会一周》第25期"工会人物"栏目、《河南水利与南水北调》杂志、《中国水文信息网》、《淮河水文网》、"淮河水文人物风采"、《湖南水文网》、《江河潮》杂志和《松辽水文信息网》等新闻媒体亦进行宣传报道。2016 年汛期,防汛抗洪形势异常严峻,河南电视台、河南卫视、河南日报等媒体密集发布水雨情服务信息,跟踪报道水文测报工作中涌现出的感人事迹和典型人物。8 月 16 日,河南日报三版以《防汛如何打造敏锐"耳目"》为题刊发河南水文系统防汛工作经验。

（四）高度重视水文文化研究和交流

省局把水文行业思想道德建设与水文文化建设有机结合,坚持不懈地以优秀文化思想引领风尚,不断创新思想政治工作载体。同时,加强水文文化交流,吸收借鉴优秀文化成果,努力培育"特别能吃苦、特别能忍耐、特别负责任、特别能奉献"的水文人的道德风尚。

2012 年,省局组织召开"喜迎十八大"首届水文文化建设座谈会,制定了《关于加强水文文化建设的实施意见》,构建水文文化建设体系。同年,省局汇编了《水之韵》水文职工文学艺术作品集、《党支部工作实用手册》、《河南省水文水资源局若干规章制度汇编》三本水文文化书籍并刊印发行。省局参与由水利厅组织编写的《感悟河南水利》,2013 年 6 月由中国水利水电出版社出版发行,并获第七届河南省社会科学普及优秀作品一等奖,书中有"关于水文及管理"等专题论述。

2013 年 3 月,由水利部副部长刘宁作序,水利部水文局局长邓坚主编,中国水利水电出版社出版的中华人民共和国成立以后第一部全国性的水文文学作品集《倾听水文:无怨无悔的坚守》,在全国发行。河南省 12 位水文职工创作的 11 件文学作品入选。同年 8 月 8 日,洛阳水文局职工刘新志荣获由中国音乐家协会手风琴学会"霍纳杯"全国流行手风琴邀请赛组委会举办的 2013"霍纳杯"全国流行手风琴邀请赛合奏组一等奖。

2013 年 7 月 1 日,《河南省水文志》第二轮编修工作正式启动。断限为:上限自四千年前的黄帝时期,下限断至 2015 年。

2014 年,省局研究制定贯彻落实水利部《水文化建设规划纲要》实施意见,把水文文化建设纳入河南省水文建设总体发展规划,提出水文文化建设要与水文工程建设、水文法律法规、群众性精神文明创建活动相结合的发展思路,推动水文文化建设健康有序发展。

五、精神文明建设

省局坚持以"三个代表"重要思想和科学发展观为指导,深入贯彻落实党的十八大和十九大会议精神,认真学习贯彻习近平总书记系列重要讲话精神,以开展群众路线教育实践活动、"三严三实"学习教育和"两学一做"学习教育常态化、制度化,深入开展文明单位创建活动,把创建文明单位作为促进水文事业发展与和谐机关建设的强大动力,始终将文明单位创建工作列入重要议事日程,与水文业务工作同安排、同部署、同落实、同检查、同考核。坚持把"四个文明"有机结合起来,突出抓好班子建设、文化建设、道德风尚建设、精神文明建设、廉政建设和安全建设,职工整体素质和单位文明程度得到明显提高,精神文明创建工作硕果累累。2015年4月省局被评为"省级文明单位",并且在2016年、2017年顺利通过复查。

（一）扎实推进班子建设,引领发展能力不断增强

省局扎实开展"四好"局党委班子建设和党风廉政建设,努力打造了一个政治素质好、水文业务好、团结协作好、作风形象好的领导班子,引领全省水文事业改革与发展的能力不断增强。

1. 加强思想政治建设,努力创建政治素质好班子

通过推进学习型党组织建设,发挥好中心组领学、促学作用,组织局领导班子成员深入学习党的十八大、十九大会议精神和习近平总书记系列重要讲话,坚定理想信念,增强政治意识、大局意识;举办领导干部能力提升培训班,提高班子成员业务理论水平,增强决策能力、管理能力、执行能力、驾驭复杂局面能力;将领导班子多维度测评结果、领导个人贡献得分与领导班子经营考核结果结合起来,创新领导班子及领导人员综合评价工作,有力地促进了干部队伍建设,连续多年领导测评结果都为优秀。

2. 聚焦水文中心工作,努力创建水文业务好班子

围绕水文中心工作,紧密结合水文测报、项目建设、水资源监测等重点任务,扎实开展各项业务工作。防汛抗旱水文测报成绩突出,水文重点项目建设加快推进,水资源监测服务水平显著提高,水文体制机制改革不断深化,认真完成有关基础性工作,全面推进水文信息化建设和水文科研工作。

3. 坚持民主集中制度,努力创建团结协作好班子

各级党组织主动融入水文事业改革发展的正确方向,充分发挥党组织在"参与决策、带头执行、有效监督"中的定向把关作用。健全党的集体领导制度和民主集中制,完善领导班子工作规则、议事程序和决策制度,严格执行"三重一大"决策制度;每年坚持高质量召开省局党委与所属总支、支部领导班子民主生活会,落实民主生活会制度,开展谈话谈心活动、批评与自我批评,对班子成员存在的问题互相提醒,创造团结和谐、干事创业的氛围。

4. 推进反腐倡廉建设,努力创建作风形象好班子

局党委多举措将党风廉政建设"两个责任"纳入单位改革发展工作中,与水文工作同研究、同部署、同实施、同考核,促进党风廉政建设一级抓一级、层层抓落实,谁主管谁负责的机制建设。坚决落实中央八项规定精神和省委、省政府若干意见,持之以恒纠正"四风"。抓重要时间节点、抓手段创新、抓明察暗访、抓通报曝光,严防死守,驰而不息,作风建设步步深入。开展领导干部出入隐蔽场所违规吃喝、懒政怠政为官不为、领导干部亲属违规办企业和领导干部收送红包礼金、违规在社团兼职取酬等专项治理工作,对党员干部违规持有身份证和出国(境)证件情况进行集中清理,对干部家属子女在银行等金融机构任职情况、办公室面积超标、公务用车等情况均按照上级要求进行专项治理,使党员干部的行为得到进一步规范。监督落实"4+2"党建制度体系,加强监督检查,并督促检查"问责条例"、"监督条例"和"若干准则"的学习贯彻情况,强化制度执行力,作风建设制度化、规范化、常态化迈出新步伐。努力探索实践监督执纪问责"四种形态",扩大谈话、函询、诫勉范围,让有反映的党员干部讲清问题,认识错误及时改正。综合运用批评教育、诫勉谈话、通报批评、组织处理、纪律处分等手段,提升执纪审查的政治效果。

(二)加强思想道德建设,干部职工素质不断提升

1. 加强政治理论学习,职工思想道德素质不断提升

坚持以邓小平理论、"三个代表"重要思想、科学发展观为指导,深入贯彻落实党的十八大和十九大会议精神和习近平总书记系列重要讲话精神,践行社会主义核心价值观。征订《十八届三中全会(决定)辅导百问》、《三严三实党员干部读本》、《理论热点问题党员干部学习辅导》、《习近平谈治国理政》、《习近平总书记系列重要讲话读本》、《党的十八届六中全会新思想新观点新举措解读》等学习资料共三千多本,发放给党员领导干部学习;邀请省委党校教授作《三严三实专题教育》、《全面推进依法治国的伟大部署》、《党员干部要争做社会主义社会公德的表率》和《扎实推进"两学一做"学习教育常态化制度化》等专题讲座,制作学习宣传贯彻习近平总书记系列重要讲话精神和培育践行社会主义核心价值观专题宣传板报和学习手册,不断深化领导干部的理论认知。

通过中心组学习、主题党课、支部理论学习、重温入党誓词、观看教育片、参观廉政教育基地、到焦南监狱参观与听服役人员现身说法等多种形式,利用板报、网站专题、微党课等多种平台,加强党性党风党纪教育,促进了党员干部的思想建设。

2. 推进作风建设,党员干部"三观"认识不断强化

一是扎实开展党的群众路线教育实践活动。按照"照镜子、正衣冠、洗洗澡、治治病"的总要求,以查摆和整改"四风"问题为重点,坚持领导带头,740多名党员干部参与其中,群众路线教育实践活动"三个环节"工作得到有序推进;二是深入落实八项规定精神。开展了群众路线教育实践活动"回头看",坚决纠正"四风",开展落实中央八项规定精神巡查,采取调查问卷与职工访谈等多种方式,拓宽线索反映渠道,及时处置反馈问题,督促整改落实;三是切实开展"三严三实"专题教育。认真贯彻中央、省委和厅党组的部署和要求,在省局中层以上领导干部中开展了"三严三实"专题教育。局党委坚持问题导向,认真制订了"三严三实"专题教育实施方案,召开了"三严三实"专题教育启动暨专题党课报告会,开展专题学习研讨,高质量召开专题民主生活会、组织生活会;四是以"两学一做"学习教育为载体加强思想建设。认真贯彻落实党的十八届六中全会和习近平总书记系列重要讲话精神,扎实推进"两学一做"学习教育,增强党员干部的党章党规党纪意识、廉洁自律意识和拒腐防变能力。全面强化水文系统从严管党治党责任,落实"一岗双责",推进党建述职评议考核,强化基层党建工作责任制落实,推动管党治党持续走向严实硬。

3. 贯彻落实《公民道德建设实施纲要》,崇德尚善的氛围不断形成

认真组织职工学习、宣传、贯彻《公民道德建设实施纲要》《社会主义核心价值观》,在全省水文干部职工中,牢固树立正确的世界观、人生观、价值观,进一步弘扬崇德尚善精神。通过发放书籍、组织演讲比赛、座谈交流会等各种方式,充分利用网络、展板、口袋书等多种媒介,组织广大干部职工采取座谈会、集中学习、自主学习等方式深入学习。深入开展文明创建活动,积极倡导勤俭节约的精神,广泛开展"光盘行动",在每个水电开关处张贴节约用水用电提示语。不断提高广大职工对公民道德的认识,提高职工道德素质,提高工作服务质量,把道德培养落到实处,做出实效。

4. 加大宣传鼓劲,树立水文良好形象

丰富宣传载体,突出网络宣传。加强对河南水文信息网,微博、微信等新闻宣传媒介的专业化建设和管理,不断升级和改进网络建设,重点修改和完善水文信息网的相关栏目,开设了"两学一做"学习教育专栏、水文要问、行业动态、专题报道等栏目,增设了手机微信、微博宣传平台,丰富了宣传阵地,使水文信息网成为塑造省局对外形象的重要"窗口"。

深入挖掘一线职工故事,传递正能量。及时宣传工作会议精神、先进人物事迹、水

文行业发展成果等,丰富宣传内容,弘扬主旋律。开展"最美水文人"、五一劳动奖状(奖章)获得者、各类道德模范、工人先锋号等先进典型选拔,激发广大职工奉献水文事业、创新工作的热情,树立敢拼敢干,勇于担当,敢于奉献的水文职工形象。

(三)扎实开展创建活动,文明和谐之风不断深化

1.领导重视组织落实,创建活动成果丰硕

省局成立了以局长和党委书记为主任,纪委书记、副局长任副主任,处室责任人为成员的精神文明建设指导委员会,下设委员会办公室,扎实推进创建文明单位工作。多次组织召开创文专题会议,安排部署创建工作,落实牵头部门和责任部门,明确职责、分解任务、落实责任,把创建文明单位目标任务落实到相关部门和具体个人,做到组织到位、人力物力到位、责任到位。下属各勘测局也广泛开展文明单位创建工作,目前 15 个市局被评为"市级文明单位",7 个市局被命名为"全省水利文明单位"。

2.开展"道德讲堂"活动,诵读道德经典

大力推广"道德讲堂"活动,共举办了"弘扬社会公德,做奉献社会模范"、"爱岗敬业,无私奉献"和"扬清廉家风,建和谐家庭"等 7 期道德讲堂活动,坚持以"身边人讲身边事、身边人讲自己事、身边事教身边人"的形式宣传道德模范和身边好人的先进事迹,倡导社会主义核心价值观,弘扬社会公德、职业道德、家庭美德、个人品德。通过组织职工自我反省、唱经典歌曲、听先进事迹、诵读道德经典篇目文章、谈道德感悟、送吉祥、一堂一善事等环节,使职工自觉做道德的传播者、实践者和受益者,把道德带到生活中、工作中,为水文文化建设打下坚实的道德基础。

3.发挥团员青年生力军作用,开展学雷锋志愿服务活动

在省局党委领导下,团委充分发挥团员青年的生力军作用,成立学雷锋志愿服务队,深入推进青年志愿者行动。先后开展了"学习雷锋讲奉献"、"学榜样　正能量争先锋"、"我为团旗增辉"、"喜迎十九大共享青春成长故事"五四演讲比赛、"绿满中原青年争先"植树造林等活动;组织青年志愿服务队深入结对帮扶村上蔡县程老村小学、中牟县白坟小学开展志愿服务活动,进一步激发了青年职工的爱国爱岗情怀,展示了单位的良好形象。

4.评先创优树立先进典型,推动水文系统持续健康发展

深入开展文明单位创建和先进典型选拔,广泛开展文明职工、文明家庭、文明处室等群众性系列创建活动,不断培育先进水文文化、行为规范,健全考核评价体系、考评制度,常态化开展工作。深入实施女职工建功立业素质提升工程,大力开展争当"巾帼

文明标兵"、争创"巾帼文明示范岗",支持和鼓励女职工在各自工作岗位上发挥优势,建功立业。通过创先争优活动促进了全系统干部职工作风转变,推动水文系统持续健康发展。

(四)推进水文文化建设,软实力不断增强

1.崇尚健康文明生活方式,全民健身活动如火如荼

制定了《全民健身实施方案》,坚持每年开展丰富多彩的职工文化体育活动,推动全民健身活动的开展。连续多年举办全系统乒乓球赛,选拔选手参加水利厅举办的篮球赛,妇委会举办的"迎三八健步走"、"我运动,我健康"主题健身等活动,规模大、周期长、影响广,深受广大职工欢迎。先后荣获全国水利系统桥牌赛甲级第一名、2016年全省水利系统篮球赛冠军的好成绩,女子乒乓球队始终位列全省水利系统团体第一名。

2.建设学习型机关,干部人才队伍建设得到加强

突出抓干部选拔任用导向,严格执行干部任用条例。在厅党组的关心支持下,省局领导班子和各市勘测局领导班子已经配齐。各勘测局处级领导岗位分批次进行了充实调整,提拔处级干部16名,交流调整10名;公开竞聘选拔了11名勘测局副局长,交流2名;提拔调整各勘测局科级干部70人。同时,加强人才队伍建设,年度公开招聘30名大学生,新聘47名中级以上职称人员,举办了第六届全省水利行业水文勘测工职业技能竞赛活动,加强岗前培训和职工教育培训,为水文事业发展提供了有力的人才支持。

3.切实做好帮扶共建工作,积极履行社会责任

对于水文系统的困难党员,省局党委长期坚持发放补助金和生活必需品。做好机关党员和在职职工重大疾病医疗互助金申报工作,上报了35人次重大疾病申报材料,获批了29.12万元的医疗互助金,并及时发放给职工本人及家属。推进脱贫帮扶工作,省局每名领导班子成员结对帮扶上蔡县程老村一户困难群众;开展扶贫济困捐助活动,组织机关全体党员募集爱心捐助善款送给帮扶对象。

4.深入开展"六个文明"活动,形成良好文明风尚

"六个文明"主题系列活动从2014年就开始在省局开展,取得了良好效果,目的是持续培育和践行社会主义核心价值观,提高职工道德素质和单位文明程度,在全局形成健康向上的文明风尚,为水文事业又好又快的发展奠定坚实的基础。

围绕服务型机关建设,组织开展进社区志愿服务活动、创建"雷锋岗"活动等文明服务活动。在水文系统各级执法机构中开展文明执法活动,加强法治理念教育,引导

执法人员恪守职业道德,规范职业行为。开展"礼让斑马线"活动,大力倡导守法礼让,做文明司机,知礼互让,做文明行人,大爱有行,做文明使者等文明交通活动;开展文明旅游和文明餐桌活动,做文明旅游和文明餐桌的宣传者、实践者和监督者,做文明友善的传播者、践行者,养成良好的文明理念与习惯。发出"文明办网·文明上网"倡议书,号召全体干部职工文明上网,文明用语,抵制污秽网络信息,组建了青年网络宣传骨干队伍,开展网络文明志愿者活动,提倡 QQ、微信等网络平台的文明用语,弘扬网上正能量。

（五）加强综合治理,呈现和谐稳定局面

1. 加强法制教育,防范违法违纪行为

积极开展法制宣传教育活动,通过参观焦南监狱、预防犯罪教育基地、制作法制专题板报、开展集中民主法律学习等形式多样的法制宣传活动,使全体职工法制观念和法律素质不断提高,懂法、守法、用法形成风气,职工中无违法违纪现象,无重大刑事案件,无重大安全事故,无严重违法违纪行为,无"黄、赌、毒"等社会丑恶现象,公共生活和工作秩序良好。

2. 开展安全月活动,增加职工安全意识

结合安全月,组织职工开展安全法规知识考试、安全知识竞赛、安生生产恳谈会、收集合理化建议、观看安全教育录像等活动,进一步丰富了安全教育活动形式,提高职工参与安全工作的积极性,构建了全员参与的大群安格局,增强了职工的安全意识和责任意识。

3. 关爱职工健康,组织慰问一线职工

坚持一年一次的职工健康体检,有针对性地进行职业病危害健康体检,开展卫生保健知识讲座,大力推进水文系统职工互助保障计划。坚持高温酷暑、严寒季节、重要节假日的慰问工作,实现"送清凉"、"送温暖"、"送健康"、"送平安"等工作常态化。省局、各市局两级工会坚持开展"送清凉"活动,组织慰问一线测站干部职工,为他们送去清凉饮料、西瓜、绿豆等夏日消暑饮品,切实把关心和关怀送到一线职工手中。

4. 改善单位环境,办公和治安秩序良好

从改善办公条件入手,强化全系统职工文明礼仪意识,着力营造一个整洁、和谐、充满生机、催人上进的工作环境,呈现出"环境优美、秩序井然、文明祥和"的新景象。治安保卫工作组织、措施、制度落实到位,治安秩序良好,职工安全感与日俱增。全省水文系统没有发生职工集体上访事件,无重大刑事案件,无"法轮功"练习者滋事事件。

第三部分　规划与建设

随着中央加大对水文基础设施建设投入力度,河南省水文系统在水利部水文局、省水利厅的领导下,进一步加强水文规划和建设项目前期工作,取得了重要成果,储备了一批建设项目,水文基本建设投入实现跨越式增长,为加快推进水文现代化发展提供了有力保障。水文基本建设项目管理水平不断提高,从规划编制、实施方案、项目招投标、施工建设到竣工验收,各个环节日趋完善,水文基础建设逐步走上规范化管理的轨道。

一、规划和前期工作

(一)水文规划

1.河南省中小河流水文监测系统建设规划

为完善中小河流水文监测站网和预测预警预报体系,提高中小河流防灾减灾能力,按照《国务院关于切实加强中小河流治理和山洪地质灾害防治若干意见》(国发〔2010〕31号)有关要求,按照职能分工,水利部组织开展了《全国中小河流治理和中小水库除险加固、山洪地质灾害防御和综合治理总体规划(水利部分)》编制工作,规划将水文基础设施建设作为重要的非工程措施。为此,河南省于2010年11月编制了《全国中小河流治理和中小水库除险加固专项规划河南省水文专业部分》,上报水利部水文局,纳入水利部总体规划,经国务院批准后由国家发展和改革委批复(发改农经〔2011〕1190号),规划总投资9.17亿元。

2.《河南省水文基础设施建设总体方案(2014~2020年)》

2013年12月,国家发改展和改革委、水利部下发了《关于印发全国水文基础设施建设规划(2013~2020年)的通知》(发改农经〔2013〕2457号,简称《全国规划》),为落实《全国规划》,进一步明确河南省水文基础设施建设的主要任务,2014年7月省局组织编制了《河南省水文基础设施建设总体方案(2014~2020年)》,简称《总体方案》。

《总体方案》是在《全国规划》的基础上,从河南区域环境、水资源特征和实际需求等方面考虑,按照河南省经济社会可持续发展及水利发展总体布局,结合《河南省水利发展规划(2011～2020年)》,以及水资源"三条红线"管理等赋予水文工作的新要求,将水文站网、监测中心和信息服务体系等建设内容进行了适当补充,达到与省水利发展规划相一致,与全省经济社会发展相协调的技术型、支撑型、服务型的建设目标,是指导未来8～10年全省水文事业建设发展的纲领性文件。

2015年7月,《总体方案》由省发改委、水利厅联合批复(豫发改农经〔2015〕802号),规划总投资89.23亿元。

(二)项目前期

1.河南省中小河流水文监测系统建设实施方案

2011年6～10月,水利部办公厅连续下发《关于召开全国中小河流水文监测系统建设前期工作会议的通知》等文件,分别安排部署2011年、2012年和2013年度实施方案编制及报批工作,主要进行中小河流现有水文监测设施改造,新建水文监测系统的总体方案设计。

为加快项目批复和工程顺利实施,按照省发展和改革委成熟一批、批复一批的指导意见,全省中小河流水文监测系统实施方案共分5批次报批。主要工程建设内容包括改建水文站、水位站、市水文巡测基地等95处,新建雨量站、水位站,水文信息分中心、水文巡测站、水文中心站、市水文巡测基地等2500余处,建设236条河流预警预报系统及水文信息化省和应急机动测验队等项目工程。工程概算总投资91782.31万元(其中中央投资45802.00万元,地方配套45980.31万元),建设工期2011～2016年。

2.河南省大江大河水文监测(一期)建设工程

2013年12月,为落实全国规划,水利部水文局分别下发《关于抓紧开展水文基础设施项目前期工作的通知》等文件,为此,省局组织编制了《河南省大江大河水文监测系统(一期)建设项目实施方案》,并于2014年12月顺利通过省发展和改革委批复。主要工程内容为改造建设蒋集、桂李、淇门等12处水文站。工程概算总投资1922万元(其中:中央投资900万元,地方配套1022万元),建设工期为2015～2016年。

3.水资源监测能力(一期)建设工程

根据中央安排部署,水资源监测能力(一期)建设工程与河南省大江大河水文监测(一期)建设工程前期工作同步进行。2014年,省局组织编制了《河南省水资源监测能力(一期)与饮用水安全应急监测建设工程实施方案》,并于2014年12月顺利通过省发展和改革委批复。主要工程包括:改造建设河南省水环境监测中心及南阳、安阳、信阳、商丘、驻马店、周口、新乡、洛阳、许昌等9个水环境监测分中心。工程概算总投资3166万元(其中:中央投资1508万元,地方配套1658万元),建设工期2015~2017年。

4.郑州水文实验站建设工程

2016年8月,为落实全国规划,水利部水文局下发《关于加快推进水文基础设施建设项目前期工作的通知》,要求近期重点推进水文实验站建设项目前期工作,并列入2017年投资计划。为此,省局组织编制了《郑州水文实验站建设工程实施方案》,并于2016年6月通过省发改委批复。主要工程包括:建设水文科学研究实验基地、水文新型仪器设备技术综合实验基地。工程概算总投资827万元(其中:中央投资414万元,地方配套413万元),建设工期2017年全年。

二、投资计划管理

2011~2017年间,河南省水文系统的中央水文建设项目共下达投资计划98370万元,其中:中央投资48960万元,省财政专项资金12600万元,单位自筹36810万元。项目主要包括:2010~2011年水文水资源工程建设、河南省中小河流水文监测系统建设、河南省大江大河水文监测(一期)建设、水资源监测能力(一期)、郑州水文实验室工程等。各年度投资计划下达情况如下:

(一)2011年度

2011年12月6日,省发展和改革委、省水利厅以《关于转发下达重大水利工程2011年第二批中央预算内投资计划的通知》(豫发改投资〔2011〕2179号)下达河南省2010~2011年水文水资源工程项目投资计划273万元,其中:中央预算内投资136万元。下达河南省中小河流水文监测系统建设项目投资计划19087万元,其中:中央预算内投资9543万元,单位自筹9544万元。

(二)2012年度

2012年9月24日,省发展和改革委、省水利厅《关于转发下达河南省贾鲁河治理等重大水利工程2012年中央预算内投资计划的通知》(豫发改投资〔2012〕1498号),下达河南省中小河流水文监测系统建设项目投资计划35895万元,其中:中央预算内投资17948万元、单位自筹17947万元。

(三)2013年度

2013年8月20日,省发改委、省水利厅《关于转发河南省中小河流监测系统建设2013年中央预算内投资计划的通知(豫发改投资〔2013〕1113号),下达河南省中小河流水文监测系统建设项目投资计划 25636 万元,其中:中央预算内投资 12818 万元、省财政专项资金 6873 万元、单位自筹 5945 万元。

(四)2014 年度

2014 年 11 月 6 日,省发改委、省水利厅《关于转发 2014 年重大水利工程第一批(江河治理等项目)中央预算内投资计划的通知》(豫发改投资〔2014〕1570 号),下达河南省中小河流水文监测系统建设项目投资为 11164 万元,其中:中央预算内投资 5493 万元、省财政专项资金 2747 万元、单位自筹 2924 万元。

(五)2015 年度

2015 年 7 月 6 日,省发改委、省水利厅《关于转发 2015 年水文基础设施中央预算内投资计划的通知》(豫发改投资〔2015〕712 号),下达河南省大江大河水文监测(一期)建设工程项目投资 1000 万元,其中:中央预算内投资 500 万元、省财政专项资金 250 万元、单位自筹 250 万元;下达河南省水资源监测能力(一期)建设工程项目投资 800 万元,其中:中央预算内投资 400 万元、省财政专项资金 200 万元、单位自筹 200 万元。

(六)2016 年度

2016 年 7 月 12 日,省发展和改革委、省水利厅《关于转发下达 2016 年水文基础设施中央预算内投资计划的通知》(豫发改投资〔2016〕906 号),下达河南省大江大河水文监测(一期)建设工程项目投资 922 万元,其中:中央预算内投资 400 万元、省财政专项资金 522 万元;下达河南省水资源监测能力(一期)建设工程项目投资 800 万元,其中:中央预算内投资 400 万元、省财政专项资金 400 万元。

(七)2017 年度

2017 年 5 月 17 日,河南省发发展和改革委、河南省水利厅以《关于转发下达 2017 年水文基础设施中央预算内投资计划的通知》(豫发改投资〔2017〕485 号)下达河南省水资源监测能力(一期)建设工程项目投资 1566 万元,其中:中央预算内投资 708 万元,省财政专项资金 858 万元;郑州水文实验站建设工程项目投资 827 万元,其中:中央预算内投资 414 万元、省财政专项资金 413 万元。

2011～2017 年各年度投资计划下达明细表见表 3-1。

表 3-1　2011～2017 年各年度投资计划下达明细表　　　（单位:万元）

年度	总下达投资计划	中央预算内投资	省财政专项资金	单位自筹
2011 年	19760	9879	337	9544
2012 年	35895	17948		17947
2013 年	25636	12818	6873	5945
2014 年	11164	5493	2747	2924
2015 年	1800	900	450	450
2016 年	1722	800	922	
2017 年	2393	1122	1271	
合计	98370	48960	12600	36810

三、项目建设管理

2011 年以来,我省水文基础设施建设进入大推进、大发展的新阶段,先后实施了"水文水资源监测工程"、"中小河流水文监测系统"、"大江大河水文监测(一期)"、"水资源监测能力(一期)"、"河南省国家地下水检测工程(水利部分)"、"郑州水文实验站"、"国家水资源监控能力(2016～2018)"等一系列工程建设项目,水文基本建设项目管理水平不断提高。为做好工程建设管理工作,我省水文系统成立了"河南省水文水资源工程建设管理局"及 18 个省辖市"水文水资源工程建设管理处",出台了《河南省水文水资源工程建设管理文件汇编》,制定完善各项工程建设管理制度,为全面实施工程建设管理提供制度保障。

河南省水文水资源工程建设管理局按照国家基本建设程序和项目建设管理的有关要求,严格执行项目法人责任制、招标投标制、建设监理制和合同管理制;严格执行基本建设财务管理的有关规定,健全项目财务管理内部控制制度,确保各项财务活动依法依规执行,保障资金的使用安全;严把工程建设质量,建立健全政府监督、业主负责、监理控制、企业保证的质量管理体系,确保工程质量和施工安全;建立健全监督管理制度,加强项目建设监督检查工作,对项目建设进行全过程监管,规范管理程序,各项工程竣工验收质量均为合格以上等次,基建财务审计也未出现大的资金偏差,保证了各工程项目的顺利实施,锻炼了一支强而有力的水文工程建设管理队伍,提高了综合专业协调管理的水平,积累了大量的建设管理经验。

四、国家地下水监测工程

河南省国家地下水监测工程（水利部分）。2010年11月,国家发改委下达了《印发国家发展改革委员会关于审批国家地下水监测工程项目建议书的请示的通知》（发改投资〔2010〕2658号）,对国家地下水监测工程项目建议书进行了批复。

2014年7月,国家发改委下达了《国家发展改革委关于国家地下水监测工程可行性研究报告的批复》（发改投资〔2014〕1660）号）,原则同意国家地下水监测工程可行性研究报告。

2015年6月,国家发改委下达了《国家发展改革委关于国家地下水监测工程初步设计概算的批复》（发改投资〔2015〕1282号）,水利部、国土资源部下发了《水利部国土资源部关于国家地下水监测工程初步设计报告的批复》（水总〔2015〕250号）,基本同意报送的国家地下水监测工程初步设计。

2015年6月,《国家地下水监测工程（水利部分）河南省初步设计》通过水利部国家地下水监测工程项目建设办公室（简称"部项目办"）的审查。根据部项目办《关于国家地下水监测工程（水利部分）河南省初步设计报告的审核意见》（地下水〔2015〕14号）,河南省投资概算为6496万元,扣除部分独立费及预备费后投资为6000.31万元。

河南省国家地下水监测工程（水利部分）。主要建设内容为建设省级监测中心1个并配置相应的软硬件设备,地市级分中心17个并配置相应的软硬件设备及巡测设备;建设地下水自动监测站712个（新建649个、改建63个）,选取240个站同步开展常规水质监测（从中选取4个开展水质自动监测）;配置一体化压力水位计712套,水质自动监测仪器4台（套）;钻探总进尺42739m。总投资为6496万元,全部为中央财政投资。

五、国家水资源监控能力建设项目

（一）河南省水资源管理系统项目（2012～2014年）

2011年11月,水利部完成了《国家水资源监控能力建设项目实施方案（2012～2014年）》的编制,为河南省开展水资源监控能力项目建设提出了明确的要求。2012年,河南省水利厅成立了河南省水资源管理系统项目建设领导小组办公室（简称"省项目办"）,由水利厅水政处与省水文局人员组成。结合河南省水资源管理工作的特点和现状情况,省项目办组织编制了《国家水资源监控能力建设项目河南省技术方案（2012～2014年）》（简称《技术方案》）和《河南省水资源管理系统项目建设实施方案

（2012～2014）》（简称《实施方案》）。2012 年 12 月《技术方案》通过了水利部国家水资源监控能力建设项目办的审查，《实施方案》报送河南省财政厅预算评审中心进行审查。

在项目实施的 2012～2015 年，获取中央与省级财政下达资金共计 12017.14 万元，实际支出金额为 11945.77 万元。

各年度投资计划下达明细表见表 3-2。

表 3-2　各年度投资计划下达明细表　　　　　　（单位：万元）

年份	中央资金	省财政资金
2012	737	3091.14
2013	1353	2707
2014	1642	2487
合计	3732	8285.14

河南省水资源管理系统项目（2012～2014 年）于 2013 年 3 月 7 日开工，2015 年 12 月 26 日全部完工并投入试运行，2017 年 7 月通过省水利厅组织的竣工验收。建设成果如下：

1. 基本建成取用水监控体系

建设完成取用水监测站点 2079 个，其中，国控监测点 590 个（含管道型监测点 551 个、河道型监测点 39 个），省控监测站点 1489 个。目前，监测数据均按照国家水资源监控能力建设项目办公室印发的规范要求，自动上报省水资源监测平台，并将国控监测数据同步至国家项目办数据库。

2. 基本建成水源地监控体系

《全国重要饮用水水源地名录》中河南省内水源地共 12 个，本项目建设通过提高和完善河南省水环境监测中心及 9 个市级分中心（南阳、驻马店、周口、许昌、信阳、洛阳、安阳、商丘、新乡等市分中心）的巡测、取样及实验室分析能力，实现了名录中 12 个重要集中供水水源地水质的 100% 监测覆盖，对名录中规定的 6 个重要饮用水源地（邙山花园口水源地、白龟山水库水源地、许昌市北汝河大陈闸水源地、南湾水库水源地、漯河市澧河水源地、开封市黑岗口水源地）进行了实时在线监测，实现了对 6 个重要饮用水源地的常规水质五参数（水温、pH、溶解氧、电导率、浊度）和其他三项（氨氮、高锰酸盐指数、BOD）的实时监测目标。

3. 基本建成水功能区监控体系

通过对河南省水环境监测中心及 9 个分中心 109 台实验设备进行更新配置,实现了对各中心负责的水功能区每年监测 12 次、监测项目包括水温、pH、溶解氧、高锰酸盐指数、化学需氧量、五日生化需氧量、氨氮、总磷、总氮(湖库必测)、铜、锌、氟化物、硒、砷、汞、镉、六价铬、铅、氰化物、挥发酚、石油类等 21 项,对列入的全国重要江河湖泊水功能区的检测覆盖率达到 100%,满足《全国重要江河湖泊水功能区达标评价与考核技术方案》及河南省《技术方案》考核目标要求。

4. 基本建立河南省水资源监控管理信息平台

完成了河南省水资源监控管理平台相关的软硬件环境搭建和业务系统开发,实现了与中央、流域、全国城市水资源实时监控与管理系统项目试点城市(郑州、开封、安阳、济源)以及各市县的互通互联,实现了全省主要水资源管理业务的在线处理;完成了省级水资源监控会商中心的软硬件建设,并通过覆盖河南全省的水利三级专网与已建成的市县防汛会商系统进行无缝对接,实现全省的水资源实时会议会商;完成了全省水资源基础数据的遴选、检查、审核、上报,以及与基础数据对应的空间数据、多媒体数据和监测数据整理、上报,基本建成了基于全省的水资源专题数据库,为后续业务软件开发和水资源信息系统的整体运行提供了数据保障;水资源业务系统建设完成了四个业务系统及两个门户系统(水资源业务管理三级通用软件、水资源信息服务系统、水资源调配决策支持系统、水资源应急管理系统、内外网门户系统)的定制开发部署工作;已建成的各业务系统均实现了单点登录、统一用户、CA 认证的功能和流程。

(二)国家水资源监控能力建设项目(2016～2018 年)

按照水利部关于印发《国家水资源监控能力建设项目实施方案(2016～2018 年)》的通知(水财务〔2016〕168 号)要求,结合实际情况,2016 年,省项目办组织编制了《国家水资源监控能力建设项目河南省技术方案(2016～2018 年)》(简称二期项目),并通过了水利部国家水资源监控能力建设项目办和省水利厅的技术复核。

2017 年,河南省水利厅以豫水政资〔2017〕48 号文件对二期项目技术方案进行了批复,明确二期项目主要建设任务为:利用三年时间,建设管道型水量自动监测站 552 处(含 18 处视频站)、渠道型水量自动监测站 27 处、地表水源地在线监测站 10 处;在一期项目的基础上,进一步完善平台硬件设备、应用系统,系统集成等。

二期项目技术方案总投资预算为 4299.20 万元(中央资金 3140 万元,省级配套资金 1159.2 万元)。

2016 年度,实际下达投资 505 万元(中央资金 385 万元,省级配套 120 万元),当年完成了技术方案的编制、技术复核,完成了 10 处水源地在线监测设备的购置。

2017 年度,投资预算 1975 万元(中央资金 1525 万元,省级配套 450 万元),主要任务是建设 449 个取用水户监测及 10 个水源地水质在线监测站点建设以及系统集成。2～5 月,完成技术方案的复核修订、年度实施方案编制和送审报批等工作;7 月初,经财政评审,核定投资额为 1884.34 万元;8～9 月,完成项目招评标及合同的签订工作;至 12 月,当年招标的 8 个标段全部通过合同验收,验收合格率 100%,部分监测站点信息已经上传至国家项目办。

第四部分　　水文站网

一、水文站网发展

2011～2017 年,河南省水文系统实现跨越式发展。随着中小河流水文监测系统、国家地下水监控能力建设、水资源监测能力建设等一系列建设工程项目的实施,水文站网建设得到了空前快速的发展。各类水文监测站网从 2011 年初的 4275 处(其中:国家基本水文站 120 处、水位站 25 处、基本雨量站 757 处、遥测雨量站 1100 处、地下水观测井 1921 眼、常规水质监测站 230 个、墒情站 122 处),增长至 2017 年底的 8844 处,主要包括水文站 367 处(其中:国家基本水文站 126 处、水文巡测站 241 处),水文中心站 60 处,水位站 168 处(其中:人工值守水位站 32 处,遥测水位站 136 处),雨量站 4093 处(其中:751 处为人工委托观测雨量站),水质监测断面 1359 个(其中:地表水水功能区水质监测断面 497 个、地下水水质监测井 227 眼、重点入河排污口监测点 635 个),地下水监测井 1877 眼(其中:人工监测井 1767 眼、自动监测井 110 眼),墒情站 844 处(其中:人工墒情站 122 处、自动墒情站 192 处、移动墒情监测点 530 处),生态补偿流量监测点 76 站。形成了项目齐全、布局合理、功能完备的河南水文站网监测体系,水文监测及信息处理能力不断增强,水文工作领域进一步拓展,服务水平和质量显著提高,基本满足了为防汛抗旱、水利工程建设与管理、水资源评价与保护以及为农业、交通、环保、城建、国土等涉水领域提供基础信息服务与技术支撑的要求。

(一)站网功能不断完善

至 2017 年底,河南水文已建立起覆盖全省主要河道、水库的水文站网体系,除了开展长期、稳定的水文基础数据收集,探索水文要素在时间和空间上的基本特征与变化规律功能外,还不断顺应经济社会发展需求,完善、衍生和拓展基本站网在水资源配置、水资源保护、水生态环境等方面的监测和数据收集功能,实现一站多功能,充分发挥水文站网的综合效能。从主要监测预报大江大河雨水情势,发展到为社会提供关注的中小河流雨水情信息服务;从主要为防汛抗旱和水利工程建设服务,发展到为水资源开发节约保护及水生态环境保护提供全面服务;从主要为水利工作服务,拓展到为水利、农业、气象、交通、环保、国土、国防等多个领域及社会公众提供全方位服务;从传统的行业水文,逐步发展成为立足水利、面向社会的水文行业,强力促进水文站网功能最大化,为河南省经济建设和社会发展提供重要的技术支撑。

(二)基础设施整体水平明显提高

通过中小河流水文监测系统工程、河南省大江大河水文监测系统(一期)建设工程、河南省水资源监测能力(一期)建设工程、国家地下水监测工程等专项工程建设,河南省水文系统基础设施及技术装备陈旧落后的面貌得到改观,水文站测报技术手段得到提升,水文信息采集处理能力不断增强,水文现代化水平得到提高。水文巡测基地的建设,促进了水文测验方式改革和技术进步,拓展了水文数据的收集范围,完善了水文监测体系,增强了水文测报服务能力。

水环境监测(分)中心基础设施建设及仪器设备的配置,提高了水质监测分析能力,更好地满足了水资源量质综合评价及优化配置保护的需求,为水功能区水质目标管理和排污总量监控等提供了科学依据。

(三)水资源保护和管理服务能力不断提升

在全省18处地市交界处增设76处水资源监测断面,为河南省主要干支河流水生态补偿工作的顺利实施提供了及时准确的水量信息;逐步开展了水功能区、入河排污口的水质监测工作,加强了水量水质联合调度及跟踪监测、动态分析和预报工作;充实完善地下水超采区监测站点,在周口、商丘等河南中东部6市区建设了局部的地下水自动监测站网,提高了地下水监测水平和时效性,并以此为契机完善全省地下水站网建设规划,为保障全省粮食生产核心区安全提供有力、可靠、及时的技术支持。

二、站网基础工作

为合理确定水文业务经费的支出范围标准,编制水文预算、制定水文政策提供科学依据,从2015年3月开始,省局组织专业技术人员,经过2年的努力,编制完成了《河南省水文业务定额》。2016年11月30日,省质量技术监督局发布(2016年第23号)实施。

三、水文站网管理

(一)水文站网调整

随着社会经济及水利事业发展对水文服务需求和客观环境的变化,对全省水文站网进行了部分优化调整。

2011 年，根据工作需要调整部分站网功能，批准蔡埠口断面迁移。

2012 年，积极开展水生态监测。开展尖岗水库藻类试点监测工作，完成《河南省淮河流域大型水库富营养化研究及生态藻类普查》项目的第一次全省普查，填补了河南省水利系统水生态藻类研究的空白。对涉及全省四大流域的 18 个省辖市的 76 个地表水水环境生态补偿考核断面进行流量监测，为全省水环境生态改善做出了积极贡献。

2013 年，为进一步强化水文站业务管理，细化工作任务及技术要求，结合近几年来鸭河口、新郑、扶沟、鸡冢水文站水文资料整编反馈情况，对上述四处水文站测站任务书进行了修订，取消四处站点输沙率测验任务。

2012 年 6 月，河南省水文系统由原来全省划分 14 处勘测局变更为 18 处。为了适应新形势、新情况，加强站网管理，理顺管理机制，明确管理责任，提高服务质量，2013 年 6 月，河南省水文局开展了水文站网隶属关系调整工作。按照"属地原则、属站原则"，即按照全省 18 个地级市行政区划，所在辖区的站归相应的水文勘测局管理；为了保持水文站所属基本雨量站业务工作的连续性，基本雨量站的属站关系保持不变，对全省水文站点隶属关系进行了重新划分。从 2014 年开始，我省列入《全国重要江河湖泊水功能区划》中的所有功能区，实现了全覆盖监测。

（二）站网及行业管理

站网信息管理的水平是衡量水文工作效率和水利信息化的重要方面，是实现站网管理规范化、科学化的重要基础。为加快河南省水文站网信息管理系统建设，提升水文站网管理水平，省局在 2014 年开发了基于 GIS 的水文站网管理系统。该系统将 WebGIS 应用于水文站网信息管理系统，实现了水文站网历史及实时的空间数据和属性数据的检索与查询功能、统计功能、数据远程更新维护功能和站网评价功能，满足了水文站网的数字化、信息可视化、查询直观化、更新迅速化、信息可扩充化、信息保密化等要求，为决策者提供了全面的水文站网信息服务，有效地满足了水文行业全面、准确、快速地分析站网情况、深度挖掘站网信息、优化水文站网布局的需要，提高了全行业水文站网管理的现代化水平。该系统的研究成功，不仅推进了水文信息共享，完善了水文信息管理方案，提升了水文站网信息水平，还具有极其巨大的经济效益。目前，该系统已通过省水利厅组织的鉴定，达到国内领先水平，并已顺利移植至淮委、青海水文局。

2015 年，为了加快基层水文体制机制改革，加强对基层测站管理工作，省局制定了《基层水文站管理办法》,包含:水文测站基本制度(工作制度、学习制度、会议制度、器材管理制度、考勤管理制度、测站业务技术管理制度)、水文测站设施设备操作规程(水文缆道操作规程、水文测船、水文涉水测流操作规程、桥测车及巡测车辆管理规程、ADCP 操作规程),安全生产制度(河南省水文系统安全生产工作管理办法、安全生产教育培训考核制度、安全生产奖惩和责任追究制度、安全生产事故报告和调查处理制度、职工劳动防护用品发放管理制度、特种作业人员管理制度、安全生产会议管理制度、水文信息安全管理制度、水质化验室安全管理制度,资料室安全管理制度),安全作业操作规程(测船测流安全操作规程、缆道测流安全操作规程、桥测车安全操作规程、ADCP 安全操作规程、涉水测流安全操作规程、车辆驾驶安全操作规程、电工作业安全操作规程)等管理办法,并下发各勘测局,进一步明确了岗位职责,加强了对基层测站的管理。

同年,根据水利部水文局《关于水文测站报批报备工作的情况通报》(水文站〔2015〕89 号)文件精神,按照《水文站网管理办法》(水利部令第 44 号)相关条例,省局对全省已建设完成的中小河流 240 处水文站、136 处水位站,以豫水文〔2015〕61 号文向水利部水文局完成了报备工作。2016 年 9 月 9 日,省局又按照水利部水文局《关于依法推进水文测站报批报备工作的通知》(水文站〔2016〕111 号)文件精神,将我省2014 年以来新编水文测站代码分别报送至长江、黄河、淮河、海河四流域机构水文局进行审核,并以豫水文〔2016〕155 号文向水利部水文局完成了报备工作。

为做好改革管理制度顶层设计,确保改革后各测区工作有据可依,2017 年 1 月,河南省水文水资源局下发了《河南省水文测区管理办法(试行)》。各勘测局按照改革工作要求,完成了测区挂牌、人员集中,规范制度上墙,人员任务划分,巡测仪器设备集中配置管理等工作,为改革后测区工作的顺利开展奠定了基础。

四、全国河流湖泊普查

为全面摸清水利发展状况,提高水利服务经济社会发展的能力,实现水资源可持续开发、利用和保护,保障经济社会的可持续发展,国务院决定于 2010～2012 年开展第一次全国水利普查,并于 2010 年 1 月下发了《关于开展第一次全国水利普查的通知》。任务包括:河湖基本情况普查、水利工程基本情况普查、经济社会用水情况调查、河湖开发治理保护情况普查、水土保持情况普查、水利行业能力建设情况普查等 6 项普查基本任务,以及灌区和地下水取水井 2 个专项普查任务,其中河湖普查工作由水文系统承担。根据水利部水文局安排,河南省境内河湖普查工作由省局承担。河湖普查主要任务是全面查清给定标准以上河流的基本特征、流域水系的自然特征和水文特征,湖泊的基本特征和湖泊的形态特征。

河南省河湖普查工作严格执行《全国河流湖泊基本情况普查实施方案》和《河南省河湖普查工作方案》的技术路线和工作流程,统一标准、统一手段、统一要求、统一方法,充分利用最新调查观测资料、3S 高新技术、历年实测洪水资料、洪水调查资料,通过内业多源数据综合分析和外业勘查相结合、自上而下和自下而上相结合等多种途径和手段开展工作。历时三年,于 2012 年全面完成河湖普查工作。完成普查规模以上河流 1048 条,湖泊 8 个,145 处水文(位)站,383 断面次实测和调查最大洪水普查指标,完成 811 条流域面积 30～50km² 河流清查工作;完成了全省所有河流图层制作工作。河湖普查成果将为我省水利规划、水资源可持续开发利用和保护、防汛抗旱减灾、饮水安全、山地灾害防治、生态环境保护、水文站网布设等提供权威数据。

第五部分　水文监测

一、水文测报

通过"水资源工程""中小河流水文监测系统工程""河南省大江大河水文监测系统(一期)建设工程"等一系列项目,河南省水文测报能力得到极大提升。

（一）水文测报基础设施综合能力明显提高

改造了蒋集、淇门等70余处基本水文站,改变原有测站站房、观测设施危旧破败的局面;引进 ADCP、微波流速仪等先进测验仪器设备,水文站测验设备得到更新提升,水文测验手段更趋先进,测验历时更短,数据精度更高,测洪能力从10～15年一遇提高到30～50年一遇(部分重点控制站达到百年一遇),实现对河流暴雨洪水情势的有效监测;各站点重要监测断面水位、雨量将全面实现长期自记、自动传输,实现各报汛站水情信息20分钟内传至省水文信息中心站,30分钟内上传至国家防总,有效地提高了防汛抗旱减灾决策的效率;进一步提升了枯水期水文监测精度,满足枯季水资源量化考核和区域水资源管理需求;提高水文站应急监测能力,在应对突发涉水灾害工作中,做到"测得快,测得准,报得出",充分发挥水文在防洪减灾工作中的监测支撑作用。

通过中小河流水文监测系统建设,河南省在原有主要为大江大河服务的基本站网的基础上,在全省200～3000km²的中小河流上增加了244处水文巡测站、136处水位站、2158处雨量站,是原来河南省水文基层测站总和的1.3倍,填补了全省236条中小河流无水文监测站点的空白,提高了全省水文站网密度。中小河流水文站能够施测20～30年一遇洪水,特大洪水有应急措施;水位站能够施测30～50年一遇洪水,提高了对中小河流重要河段的监测监控能力,站网整体功能得到提升。

同时,通过中小河流水文监测系统建设,新建了47处测流缆道,432处水位观测平台,41处气象观测场等规范化观测设施。水文中心站及巡测基地配置了近50台流量测验桥测车、60余台巡测专用机动车,10余台缆道测流自动控制操作台、近60台走航式声学多普勒流速剖面仪(ADCP)、近100台电波流速仪等先进仪器设备,极大地改变了河南省水文基础设施装备的水平与监测能力。

（二）水文情报预报服务能力得到加强

水位、雨量能够实现长期自记、自动传输、在线监测，实现在 10 分钟内完成各报汛站水情信息的采集，20 分钟内将所采集的水情信息上传至国家防总等有关单位，有效地提高了防汛抗旱减灾决策的科学性和时效性。

236 条中小河流预警预报服务软件系统的建设，以地理信息系统、数据库技术、模型库技术等为支撑，开发标准化、规范化、模块化的系统集总平台，建立了 244 处河道水文控制站的洪水预警预报服务体系。解决了中小河流很多属于无流量资料地区，基本还没有预报方案，或者是预报断面少，预报方法单一，部分断面预报结果精度不高，不能满足暴雨洪水灾害防御需要等问题，既弥补了中小河流洪水情报预报方案的空白，也为深入研究探索不同区域环境、不同时空氛围影响下无资料地区暴雨洪水成因而创造了条件，实现了全区域多途径开展洪水预测预警预报，高效优质服务社会的新突破。

高分辨率面雨量监测及应用服务系统和郑州市区暴雨洪水预警预报服务系统的建设，实现了郑州市区及周边地区高时空分辨率面雨量的快速采集、传输、处理和应用服务，通过郑州市洪涝孕育灾情环境演变规律分析，构建雨洪模型，以集成现代信息技术建立郑州市内涝动态仿真系统从而发布预警预报，全面提升了郑州市暴雨监测及重点地区防御洪涝灾害的能力。

（三）水文信息化建设效果显著

水文信息采集、传输、处理、存储实现一体化，水位、雨量全面实现长期自记、网络传输，自动测报程度达到 100%；水文测洪与洪旱灾害等情报信息的收集和传递速度更快；改造并有机整合了省中心及全省 18 个水文巡测基地防汛会商视频会议系统，整个系统上联省水利厅、水利部，实现了实时汛情监视、行政办公会议、远程培训、远程防汛会商、调度和决策，大大提高了防洪调度、防汛组织和决策的科学水平。

二、水文应急监测

河南省突发性重大水旱灾害、水污染事件频繁发生，严重威胁人民生命财产安全。水文系统不断加强各级、各方面应急监测能力建设，配置了应急抢险车、指挥车各 1 台及三维激光扫描测绘信息采集车 1 台、冲锋舟、ADCP、电波流速仪、桥测车、便携式采样器、测油仪、便携式计算机、GPS、卫星电话等成套移动应急监测设备，极大提升了水文应急监测基础装备水平与机动监测能力；通过中小河流水文监测系统，在全省新建了60处水文中心站(巡测基地),实现了分片管理,有效提升了应急监测相应速度;完善了各主要河流洪水预报软件,提升了各河道应急分析预报水平。

2014年5月部水文局在重庆举行全国水文防洪演练活动时,河南省水文系统派出的三维激光扫描测绘信息采集车进行了现场工作演示,方便快捷,现场采集的三维地理信息高清晰影像立体图获得与会代表的好评,展示了河南省水文系统应对突发性水事件水文应急监测的响应和处理能力。

在2011~2017年间多起突发涉水灾害工作中,水文系统迅速响应、有效应对,提供了大量及时可靠的水文监测数据和分析成果,发挥了重要作用。特别是在应对"7·09"新乡市暴雨洪水、"7·09"安阳市暴雨洪水、淮河干流突发洪水、黄河流域干旱调水、豫西山洪灾害、豫东突发水质污染等突发水事件中,水文系统迅速启动应急测报预案,调遣水文应急监测突击队,在第一时间赶赴现场果断处置,及时提供事发区域各类水文监测信息和分析预测数据,为抗洪抢险减灾指挥决策提供了科学依据。

三、水文监测管理

(一)加强汛前检查,为安全度汛奠定基础

为确保安全度汛,省局将汛前准备工作列为开年重点,紧抓落实。3月前下发水文汛前检查工作的通知;4~5月,安排督导组,奔赴一线对各勘测局及测站汛前准备情况进行专项检查,并根据各组检查结果,撰写了汛前检查通报,针对检查中存在的问题积极督促各局落实整改措施,有效地保障了各年度水文测报工作的正常开展。

(二)加强应急演练,全面提升水文应急监测能力

河南水文落实省政府"一个确保、三个不发生"的防汛指示精神,每年汛前,均安排开展全省水文防洪应急测报演练。全省18个省辖市水文水资源勘测局及省局共19个突击队参加了演练。演练模拟上游突发洪水,严重威胁下游安全,急需开展应急水文测报工作。按照应急测报演习方案的要求,进行了监测位置查勘、监测车辆跟进、仪器安装吊放、数据收集测算等环节的作业,熟练地完成了声学多普勒流速剖面仪、电波流速仪、桥测车等三种测法下的流速监测、流量测算、信息发报等任务。应急指挥车、应急通信等设备及时将采集的水文测报实时信息传输至省防汛指挥中心,提升了队伍的应急协同作战能力,为确保各年安全度汛打下了坚实基础。

(三)加强业务培训,强化技术队伍

先后在鹤壁、驻马店举办了三期水文业务技术骨干培训班,对全省各勘测局及测站技术人员就水情报讯管理、水量调查基本概念与方法、水质采样、水文测验、ADCP

测流设备的使用方法、水文资料整编等进行培训,对我省近年来引进的新仪器、新设备进行了介绍交流,2017 年 3 月 29~31 日,在鸭河口水库举办了全省大型水库水文"测、整、报"业务培训班,各勘测局测验科负责同志、大型水库水文站技术骨干等 80 余名学员参加了本次培训。专家为学员讲授了测站管理、水库水文测验、水文情报预报、资料整编、水利部水文局水文测验质量检查评定办法等方面的内容,现场组织各位学员观摩了无人机雷达测流、南阳水文局自主研发的简易桥侧车、直读电子水温计显示屏等。有效地提高了全省水文职工的技术水平,向打造和建立一支坚实的水文基础技术队伍迈出了重要一步,为全面完成水文测报各项工作提供了重要的技术支撑。

(四)加强技术练兵,提升勘测人员技能水平

为加强一线勘测工职业技能,积极为全国水文勘测工竞赛选拔优秀参赛选手。河南省人力资源和社会保障厅、省总工会、省水利厅分别于 2012 年、2016 年在南阳、洛阳举办了第五、第六届全省水利行业水文勘测工技能竞赛。通过以赛促学,以赛促训,以赛提能,掀起了河南省水文系统学技术、练内功、强素质的新一轮技术大练兵的热潮,涌现出了一批优秀的水文技能人才,展示了我省水文职工过硬的技术素质,彰显了水文职工良好的精神风貌。

(五)强化责任担当,进一步做好测洪及应急监测预案编制

为进一步完善各水文站测洪及应急监测预案,2017 年 5 月,省局下发了《河南省水文水资源局关于报送水文站测洪及应急监测方案的通知》(豫水文〔2017〕75 号),要求各局结合近年各站实际情况及设施设备变化情况,对各水文站测洪及应急监测方案进行修订与完善。

(六)强化水文测验质量管理,提升测验质量

为进一步加强水文测验管理工作,提升水文测验成果质量,落实水利部水文局《关于开展 2016 年水文测验成果质量检查评定工作的通知》(水文测〔2016〕166 号)的精神,2017 年省局着重强化全省水文测验质量管理。开展了水文测验质量专项检查、水文测验质量循环互检等一系列测验质量检查整改活动,得到了水利部水文局的好评。在 2017 年全国水文测验质量检查评定中,河南省水文系统测验质量考核成绩位列全国第五名。

四、水文资料管理

河南省水文水资源局资料室面积约 360m²,是河南水文原始观测资料、水文年鉴等水文资料集中存放重地,藏有河南省水文地下水、地表水原始资料、文书档案、基建

档案、科技档案、工具书等 30 余万卷。为进一步做好水文资料的保管工作,借助全国中小河流水文监测系统建设项目,库房环境得到较大改善,管理方式更加精细科学。

截至 2016 年,完成 1991～1996 年、1999～2005 年共 13 年水文资料的收集、整理、汇编、审核和排版刊印,每年水文资料按上、中、下 3 册刊印,13 年共 39 册,每册印装 60 本。

水文年鉴和原始观测资料是水文人长期工作的结晶,是宝贵的第一手资料,是水文事业发展的基石,以纸质形式存放,适宜的温湿度对纸质水文资料的生命周期至关重要,为此,资料室库房新增格力空调 14 台,除湿机 14 台,16 探头温湿度记录仪 1 套。新增设备和科学精细的管理,为水文资料保管提供了适宜的温湿度环境。

2011 年以前,通过清华紫光单机版档案管理软件实现对水文资料的管理查询,2015 年建成基于 B/S 模式的河南水文档案管理系统,通过对水文原始记载、档案资料的数字化扫描录入,实现了基于计算机网络的水文资料整理、归档、借阅、开发利用和面向社会公众的宣传。

第六部分　水情服务

一、水情服务工作

（一）水情基础服务能力建设进一步加强

利用中小河流水文监测系统工程项目建设的契机,加大了对省水情中心软硬件的升级建设,极大地提高了水情服务的综合技术水平。

1. 河南省水情监控会商系统的建设

包括省水情中心环境改造和值班监控、会商系统建设。水情监控会商系统于2014 年汛前建成投入使用。系统由交互显示平台系统、大屏幕系统及可视化交互显示系统组建而成。大屏幕显示系统采用单屏 67 寸,LED 光源,显示亮度达 1200ANSI流明的前维护 DLP 大屏以 2(行)×3(列)、一台 84 寸触摸交互平台、一套视频会议系统和 4 组控制计算机系统组合构成,大屏幕与各系统之间能通过平板电脑联动控制。水情监控会商系统基于分布式的硬件系统,由输入节点、交换机、输出节点、节点控制服务器、可视化操作客户端组建而成。可视化操作客户端通过网络控制节点服务器,实现对视频系统的可视化管理,实现省、市和重点水文测站三级视频会商系统与现有全省异地防汛会商视频会议系统进行数字级联、无缝对接,三级双向会商和互联互控。

升级后的省水情中心设备、技术先进,省、部有关领导多次莅临指导,将现有的防汛计算机网络系统、异地防汛会商视频会议系统和防汛重点部位远程视频监控系统、全省实时传送的水文信息及图像资料统一显示在应用平台上,供领导在防洪抢险和防汛抗旱中及时进行科学合理的调度指挥,并迅速地做出决策,发挥了重要作用。

2. 基础工作扎实稳健

一是洪水预报演习常态化。为提高全省水情工作队伍的洪水预报作业技术水平,省局将汛前开展全省性洪水预报演习作为常态化工作,为做好汛期洪水预报奠定了坚实基础。

二是基础信息服务常规化。为了提高水情服务的超前性和及时性,每天分析计算年初以来和入汛以来,当月、旬的降雨量情况以及与历史同期的比较,河道、水库水情的分析比较总结材料,水库抗洪能力分析计算等基础服务信息。做到了平时有准备、随需随提供,满足了防办和厅领导的随时需求。

三是建设了雨水情、旱情旱灾基础历史信息特征值数据库,为防汛抗旱决策提供了有力支撑。

四是对全省所有水文预报站近几年基础断面变化及水位流量关系变化进行了综合分析,并用图形直观展示,可以充分了解各河段大断面淤积或下切情况及水位流量关系的变化情况,可直观分析近几年大断面和洪水要素的变化趋势,为预测预报分析奠定基础。

五是对洪水预报系统进行补充完善。①随着全省自动遥测的逐步建设,雨量信息大大增加,以前的6小时时段预报方案明显滞后,为进一步提高洪水预报的时效和预见期,增加了短历时(2小时时段、1小时时段)预报方案的模型率定及补充。②对卫河流域所有水文站用新安江模型构造2小时洪水预报方案;对其他流域缺少2小时和1小时新安江模型方案的站进行参数率定构建方案。③根据目前建设的遥测雨量站,对预报系统中预报控制站流域内预报用雨量站点稀疏的进行增站加密。

六是开展中小河流方案制作。由于极端天气的频繁发生,局部暴雨洪水的发生频次愈来愈多,灾害损失也愈来愈大,全省有关重点中小河道的汛情已受到重视和关注,为了全面满足防汛调度决策的需求,省局开展辖区内无预报方案的大型水库、重点中型水库和中小河流控制站的实用水文预报方案(或简易预报方案)的编制工作,并相继出台了预报方案制作要求、技术细则、规范标准。另外,我省唐白河流域1993年编制的实用水文预报方案一直未进行修订,此次也同时开展了唐白河流域实用水文预报方案的修编工作,增加了1987年以来的暴雨洪水资料。最终编制完成了河南省重点中小河道及唐白河实用水文预报方案,方案填补了我省部分防汛重点中小河道控制站无水文预报方案的空白,基本满足了全省防汛抗旱及水资源管理现状的需要。

(二)确定了河南省旱警水位(流量)研究的技术方法

根据国家防办要求,省水利厅委托省局逐步开展河南省主要水库河道旱警水位(流量)分析研究工作。范围涵盖全省具有工农业生产、城市生活供水、生态环境用水任务的主要大中型水库、河道,共涉及20个大型水库、66个中型水库和7个河道及闸坝断面的旱警水位(流量)的分析确定。

2012年初完成了河南省水库河道旱限水位技术办法编制工作,5个试点大型水库旱限水位分析确定,向国家防办上报了成果和旱限水位确定技术报告,2012年底组织召开了全省大中型水库、重点河道旱限水位确定培训会,参会人员涉及 86 个大中型水库管理局、13 个市防办、4 个水文水资源勘测局。2013 年完成了全省 86 座大中型水库、8 个河道水文站的旱限水位分析确定工作的技术指导,初步成果的收集和审查,成果报告的编制、审核、审查,并上报了国家防办和部水文局。

研究确立了河南省旱警水位(流量)研究的技术方法和程序;项目成果填补了河南省旱情指标体系中水文干旱指标的空白,丰富了抗旱预警指标体系的内涵,明确了居民生活、工农业生产、生态环境及其他需水水源地的缺水预警阈值,根据旱警指标可以适时启动抗旱应急方案,优化配置供水水源,合理安排用水次序,优先保证城镇生活用水和农村人畜饮水,对有限的水资源进行科学管理和调配,为各级抗旱指挥部门调度、决策提供了科学依据,增强了抗旱工作的针对性和预见性。

(三)拓宽服务领域开展水情预警服务

根据国家防总《关于印发〈水情预警发布管理办法〉的通知》(国汛〔2013〕1 号)精神,以及水利部水文局(水利信息中心)2013 年 4 月召开的水情预警发布办法研讨会上提出的各地适时制定《水情预警信息发布办法》和《水情预警信号标准》相关要求。省局于 2013 年 7 月开展了此项工作,仔细研究了全省 20 个重要河道断面控制站、5 个大型水库站的实际情况,分析确定了 20 个河道站的洪水预警标准、5 个水库站的枯水预警标准,编制了《河南省水情预警发布管理办法(试行)》(简称《办法》)。《办法》对水情预警信息发布权限、发布方式和相关责任等内容做了明确规定,对水情预警等级进行了详细划分,可以向社会公众发布蓝、黄、橙、红四个级别的洪水、枯水预警。2014 年 6 月 6 日,由河南省防汛抗旱指挥部办公室批准正式发布。

2014 年汛期 6～8 月由于降雨持续偏少,全省出现了 1951 年以来同期最为严重的旱情,省局先后在 2014 年 7 月 30 日、8 月 6 日、8 月 11 日和 8 月 25 日四次发布不同等级的预警信息,预警涉及南湾、白沙、白龟山、鸭河口四个大型水库,提前对水库居民生活、工农业生产、生态环境及其他需水进行了预警,为各级抗旱指挥部门科学决策和实施水资源调配提供了技术支撑,增强了抗旱工作的针对性和预见性,取得了显著的经济社会效益。

2014 年 11 月,组织召开了河南省水情预警办法发布培训会,会议对水情预警发布流程、发布平台的使用、发布内容的编写技术和要求等内容进行了详细培训,全面启动洪水预警和枯水预警的发布工作,省局和各勘测局将根据管理权限和任务进行预警信息的发布。

2015年6月28日11时,根据洪水预测,预计史灌河固始县境内洪水将超过警戒水位(警戒水位32.00m),省局首次发布了洪水黄色预警,提请省防办、信阳市防办、固始县防办等有关单位及沿河群众密切关注雨水情变化,加强防范,积极应对,同时将公告内容通过传真及电子邮件方式发送至省委办公厅、省政府办公厅、部水文局、省广播电台、河南日报社等单位。

河南省防指按照《河南省防汛应急预案》规定,适时启动防汛Ⅳ级应急响应,固始县防指迅速启动防汛Ⅱ级应急响应机制,据统计,固始县安全转移山洪灾害区群众360人,无人员伤亡。

二、水情自动化发展

(一)遥测站点建设迅猛发展

我省紧紧把握机会,加大自动监测站的建设力度。遥测站点从2011年880处迅猛增加至4028处,目前达到41km²一处遥测雨量站,极大地提升我省水文测报的自动化水平,为我省防汛抗旱减灾提供优质服务奠定坚实基础。其中:河南省山洪灾害防治非工程措施自动监测站项目2011年一期在我省45处山洪灾害防治县共建设了926处自动监测站,包含721处自动雨量站,135处多要素自动雨量监测站以及70处自动水位站;2012年二期在我省34个山洪灾害防治县共建设440处自动监测站,包括364处自动雨量站,76处多要素自动雨量监测站;中小河流水文监测项目雨量监测站2012年一期项目在我省共建设1048处自动雨量站;2014年中小河流水文监测项目雨量监测站二期项目在我省建设1110处自动雨量站。中小河流水文水位巡测站2013年在我省共建设了312处自动监测站,包括240个水文巡测断面,72处自动水位站,2015年建设64处自动水位站。

河南省雨水墒情自动测报系统有以下几个特点:基本由省局参与设计和建设;由水文局统一维护管理;自动测报技术和信息流向采取统一的标准和要求;信息共享程度比较高;便于全省系统的扩充与更新维护。

(二)墒情、地下水监测实现自动化

2010年开始建设河南省土壤墒情和地下水自动监测系统建设一期工程,选择黄淮海平原的豫东平原区作为重点实施范围,涉及全省京广铁路以东的豫东、豫北平原的9个市(郑州、开封、商丘、许昌、漯河、周口、新乡、濮阳、安阳),58个县区,建设土壤墒情及地下水自动监测系统。共新建固定土壤墒情监测站86处(其中:土壤墒情和遥测雨量结合监测站29处,土壤墒情和地下水位结合监测站38处,独立土壤墒情监测

站 18 处,1 处综合实验站),综合实验站具有风速、日照、湿度、温度、蒸发、人工对比测墒等多个观测项目。新建地下水自动监测站 150 处(其中:土壤墒情和地下水位结合监测站 38 处,独立地下水位监测站 112 处,综合实验站 1 处),另外购买了 16 套德国产移动墒情测量仪器。这些站点的土壤墒情与地下水监测均实现了监测和信息传输的自动化,土壤墒情站每日 8 时发送一次信息,地下水监测站每日发送 4 次信息。

借助该项目我们开发了河南省墒情地下水自动监测信息服务系统,系统主要包括气象信息、抗旱基础信息、土壤墒情分析、地下水分析、雨水情对比分析、旱情分析预测等功能。系统基本上覆盖了豫东、豫北我省主要粮食产区,能够及时监测土壤墒情和地下水的变化情况,进一步指导农业生产、灌溉,是一件惠及广大农民的工程,也是我省建设粮食核心区的一项保障手段。

2011 年国家正式批复了国家防汛抗旱指挥系统二期工程可行性研究报告,2015 年我省开始国家防汛抗旱指挥系统二期工程的建设,其中:旱情采集项目包括 18 个市级防办、159 个县级防办的抗旱统计上报系统及网络传输系统;106 个县 106 处固定墒情监测点和 530 个移动墒情监测点,配备了 106 套固定墒情采集设备、106 套移动墒情采集设备。该项目目前已建成投入试运行。

(三)信息传输方式重大革新

2011～2017 年,我省的报汛方式发生了重大革新,以前雨量报汛是人工报汛,最短时段为 2 小时 1 报,随着遥测系统的建设,遥测站点逐年增多,遥测雨量 10 分钟有雨就报,大大增加了信息速度及时效。

根据水利部《关于做好水情信息交换有关工作的通知》(办汛〔2011〕119 号)精神,要求从分中心全部执行新版《实时雨水情数据库表结构与标识符标准》(SL323—2011),原有水情信息编码传输系统全部改为用数据库表进行水情信息交换,根据我省信息传输的流程实际,2011 年 3～5 月首先完成了省水情中心数据库交换系统的安装、调试,与流域机构和相关省的联调切换工作;为确保全省新水情信息交换系统的顺利安装和实施,10 月 18～22 日,省局在郑州举办了水情信息交换培训班,本次培训采用理论学习与上机实训相结合,要求每个学员达到熟练操作各项培训内容,实现各分中心培养出 1～2 名对自管的交换系统进行安装、调试、管理的目的,既完成了部水文局的任务又培养了一批技术管理人员。2011 年 11 月 15 日,全省雨水情信息交换系统实现各勘测局与省局互联互通,并全部完成试运行监督检查工作,系统已正常运行,实现了不同数据库之间水情信息及时、高效、完整传输,显著提高了水情部门报送水情信息的信息量和时效性,实现了由单一的实时类信息到实时类、预报类、基础类及统计类信息的全面交换,是水情信息传输技术的革新。

三、水情业务系统建设

（一）综合服务能力显著提高

结合中小河流建设项目,开展了预警预报服务系统建设,提高了水情综合服务能力。

河南省中小河流预警预报服务系统主要包括洪水预报系统、水情查询系统、特征值分析系统、综合业务管理系统、信息监控、预警服务系统的开发。洪水预报系统在基础经验预报方案和新安江模型的基础上,主要构建了 Grid – Xinanjiang 模型、混合产流模型、基于分布式单位线的流域水文模型及其他适合河南省实际情况的模型;并应用建成的 Grid – Xinanjiang 模型、混合产流模型、基于分布式单位线的流域水文模型对 236 条中小河流(244 处控制站)和 131 处现有水文站分别进行模型率定和模型精度评定,优选确定最适合每个水文站的预报模型。其他 5 个业务系统涵盖了水情服务的各方面,将支撑水情综合服务的各种业务技术、基础信息、基础分析。项目成果将应用在省水情中心和 18 个勘测局水情中心,可极大地提升全省水情工作的综合服务能力。

（二）城市防洪预警取得突破

2011～2017 年我省在城市防洪预警工作中取得突破。通过高分辨率面雨量监测及应用服务系统和郑州市区暴雨洪水预警预报服务系统的建设,全面提升了郑州市暴雨监测及重点地区洪涝预警预报能力,填补了河南省水文城市防洪建设和新技术应用的空白。

1. 高分辨率面雨量监测及应用服务系统

高分辨率面雨量监测及应用服务系统由安徽沃特水务科技有限公司承建。

项目的主要内容包括:X 波段多普勒雨量雷达、雨滴谱仪、数据处理单元(DPU)、雨量监测预警应用服务系统。X 波段多普勒雨量雷达由安徽四创电子股份有限公司提供,安装在郑州市西郊尖岗水库管理所顶楼,雨滴谱仪安装在北部郑州市惠济区政府、东部河南省水利勘测设计公司、中部河南省水利厅和尖岗水库。建设好的系统中多普勒雨量雷达能够 5 分钟观测 1 次,2 分钟内完成雷达数据的处理与传输,5 分钟完成 1 次雷达数据的雨量反演计算,能够获取分辨率 60m × 60m 的格点雨量场,实现 36km 半径内空间的连续覆盖无缝探测,无人值守和自动连续运行。

系统以雨量雷达的高时空分辨率的格点雨量信息为依托,基于雷达信息专用数据库,依托计算机网络环境与平台,遵循统一的技术架构,实现了郑州市区及周边地区高时空分辨率面雨量的快速采集、传输、处理和应用服务,全面提升了郑州市暴雨监测及重点地区洪涝预警预报能力。

2. 郑州市区暴雨洪水预警预报服务系统建设

项目的主要内容包括:郑州市洪涝孕灾环境演变规律分析。收集郑州市发展不同时期的下垫面变化、降雨及洪水资料,并分析其特征变化,探讨其时空变化特征及其与洪水过程变化规律的关系,明确郑州市洪涝孕灾环境变化的主导影响因素。划分暴雨分区,修正郑州市暴雨公式,并在收集分析雨水管网和河道流量数据的基础上,分析在不同暴雨情景下雨水管网与河道流量的变化关系,揭示郑州市洪涝致灾因子与机制。

构建郑州市雨洪模型。将郑州市区网格化,基于不透水地表和透水地表的特性建立超渗产流计算模型,采用水力学法(以曼宁方程和连续方程)构建不透水和透水地表非线性水库汇流模型,采用有限差分及迭代法求解模型,分析典型研究区管道与河网的排洪能力,采用离散方式简化城区管网系统,将管道的输水和调蓄功能进行分离,基于动力波方程建立管网水流运动方程。从而构建适应短历时、高强度暴雨特点的郑州市洪涝模拟模型。

集成现代信息技术,建立郑州市内涝动态仿真系统。基于模拟计算结果,结合郑州市 DEM 和遥感影像资料,建立基于 WebGIS 的郑州市暴雨洪水模型预警预报系统。具体包括基于节点水深和高程绘制淹没水深等值线,跟踪降雨集中区域的雨量变化和市区积水区的实况演变过程,实时动画展示其淹没水深和淹没过程;对于重点积水节点周围环境,实现三维模拟仿真,在三维仿真环境下进行模拟整个暴雨内涝淹没过程,直观形象地表达雨涝的淹没水深和淹没范围;同时,提供郑州市内涝灾害分布的区域、范围、强度的预报预警信息。通过汛情信息的实时监测与管理、郑州市暴雨洪水模型仿真模拟、雨洪预警等功能模块,最终为防汛预警和应急调度提供决策依据和技术支持。

项目结合了现代化降雨监测及信息技术,利用高分辨率雷达区域(面、点)雨量自动监测技术成果和高精度数字地理信息,收集整理典型区气象、水文、郑州市管网和土地利用等基础数据信息,研制精细的郑州市洪涝分布式模拟模型,分析在不同暴雨情景下雨水管网与河道流量变化关系,建立了内涝动态仿真模拟、动态分析和展示郑州市关键街区淹没水深、淹没过程,能够发布洪涝预警,为郑州市暴雨洪水事件的防灾减灾提供准确有效的技术支持,填补了郑州市城市防洪预警和新技术应用的空白。

（三）水情地位明显提高

随着水文、水情服务领域的拓宽,服务质量的提高,水情工作的重要性已被各级主要领导所认知,水情工作的地位也在逐步提升,省委书记、省长、副省长等每次到省防办指导防汛抗旱工作时均先到省水情中心听取雨水情、墒情、地下水情等情况的汇报,并先后多次到省局水情处听取汇报和指导工作。

2011年2月15日上午,省委书记卢展工、省长郭庚茂、省委副书记叶冬松、副省长刘满仓、省军区司令员刘孟合等领导在省水利厅长、副厅长、省防办主任、省水文局书记、局长陪同下,到省局水情中心听取雨水情、墒情汇报。省局副局长王有振向各位领导详细地介绍了雨水情、墒情、地下水、水资源量等情况。卢展工书记一行对河南省土壤墒情及地下水自动监测系统的建设十分满意,对水文、水情工作给予了很高的评价。

2012年7月25日,省长郭庚茂、副省长刘满仓等在省水利厅长、副厅长等的陪同下,到省局水情中心进行了视察。何俊霞处长向郭庚茂省长重点汇报了入汛以来的雨水情、汛情、水库蓄水、地下水变化以及雨水情自动监测系统的运行情况。郭庚茂省长对全省测报工作和河南省雨水情自动监测系统建设给予充分肯定,并指出,雨水情自动监测信息是山洪灾害预警、洪水预报、防汛调度指挥的依据,要切实负责,全力做好服务工作。

第七部分　　水资源监测与评价

一、水资源监测与评价

2017 年 5 月,根据中央一号文件关于"实施第三次全国水资源调查评价"的工作部署,启动第三次河南省水资源调查评价工作。第三次水资源调查评价目标是在第一次、第二次水资源调查评价等已有成果的基础上,用 3 年左右的时间完成新一轮水资源调查评价工作,全面摸清近年来我省水资源数量、质量、开发利用、水生态环境的变化情况,准确地掌握水资源的取用水、水资源消耗、水环境损害、水生态退化的情况,系统分析 60 年来我国水资源的演变规律,提出全面、真实、准确、系统的评价成果,开发水资源调查评价信息系统,为满足新时期水资源管理、健全水安全保障体系、促进经济社会可持续发展和生态文明建设奠定基础。

按照水利部水规总院、省水利厅的要求,派人参加了在北京召开的《第三次全国水资源调查评价》技术工作会议。按照《水利部关于开展全国第三次水资源调查评价工作的通知》要求,以及水利厅关于开展《河南省第三次水资源调查评价》工作安排,派人员参加了长委在武汉、黄委在郑州、淮委在徐州召开的流域第三次水资源调查评价工作会议。开展了全省第三次水资源调查评价准备工作,组织地市勘测局有关技术人员在郑州召开了全省第三次水资源调查评价(水量部分)技术培训会。对水资源评价所采用的有关雨量站、蒸发站、水文站和地下水站点进行了整理。起草了向周围省区、黄委关于商请第三次水资源调查评价所需资料的函。按照淮河流域对第三次水资源调查评价内容和时间要求,组织人员对水资源评价的降水量、地下水等有关内容进行了初步计算分析,提交了代表站降水量初步统计分析成果。

二、地下水监测

(一)监测站网

1.人工站网

河南省人工监测站网经过多年的发展,总体规模保持基本稳定。截至 2017 年底,河南省水文系统共有各类人工地下水监测站1726个,其中五日井1145个(含开采量井17个)、逐日井110个。监测项目包括水位(埋深)、水量。多年来人工地下水监测站为我省的防汛抗旱、地下水水资源调查评价、水资源管理、饮水安全保障等工作提供了数据基础。

2. 自动站网

河南省土壤墒情和地下水自动监测系统一期工程于2010年建设完成,其中共设立地下水监测站150个。自投入运行以来在我省豫东平原地区抗旱工作中发挥了重要作用,该系统设施设备已运行8年,部分存在设备老化的问题,有49个监测站纳入河南省国家地下水监测工程(水利部分)进行了改造。另外,受省政府委托,2015年4月省水文局在李粮店煤矿周边设立了8个专用自动监测站。河南省国家地下水监测工程(水利部分)建设地下水自动监测站712个(新建649个、改建63个),暂未正式投入运行。

(二)站网管理

在地下水监测站网管理分工上面,地下水观测井由各县水利局农水部门选定、管理,观测经费亦由各县开支。省级由河南省局负责业务管理,地市级大部分委托各有关水文水资源勘测局负责业务管理,少数仍由地市水利局(平顶山、焦作、漯河)自己管理,每个地市设1～3人专职或兼职人员,直到目前仍维持此种管理形式。省水利厅每年拨一定数量的地下水业务管理经费,作为指导全省地下水观测工作以及购置必要的仪器设备、资料整编刊印等的费用,并适量下拨各水文勘测局作管理经费。在管理方法上,一般每年初由省局召开一次全省地下水工作会议,总结上年成绩、经验,研究存在的问题,部署下一年工作,并表彰先进。各地市一般在年度观测资料整编时召开会议,部署相应的工作。日常观测管理工作由各级管理部门做定期或不定期检查,以便及时发现和解决问题。

(三)资料整编及年鉴刊印

全省各县市的地下水观测资料经省水文局统一整编,逐年刊印出版《河南省地下水资料》年鉴。

每年年初,由各县水利局负责地下水观测资料的收集工作,完成观测资料月、年特征值统计,对资料进行初步合理性检查和解决存在的问题。各地市组织各县水利局地下水管理人员,在各县工作的基础上,集中对地下水观测井基本资料进行考证,对地下水原始记录进行审查修正,装订地下水原始记录簿备存,打印地下水资料整编成果表,完成本地市资料整编工作。省局一般在每年3月集中各地市地下水管理人员,按照《地下水监测工程技术规范》(GB/T51040—2014)对各地市地下水原始记录簿、各项整编成果图表、资料整编说明等,进行全面审核验收,最终由省局负责地下水监测资料归档保存、年鉴印刷出版等工作。

(四)地下水动态通报、月报

为使社会有关各级部门能够及时了解河南省地下水动态变化情况,河南省水文局每年编制4期《河南省地下水通报》、12期《河南省地下水动态及监测管理月报》对水利系统内外发布。内容主要包括地下水埋深、同比环比埋深变幅、蓄变量情况及地下水漏斗情况等。

《河南省地下水通报》分定期和不定期两种。定期《河南省地下水通报》每年发布三期,内容包括降水量、地下水动态、地下水蓄变量和开发利用前景预测。为及时反映地下水重大问题,还要不定期发布《河南省地下水通报》。

2011年水利部水资源司开始组织《全国地下水通报》的编制工作,并委托南京水利科学研究院培训地下水通报信息系统及软件系统使用指导,要求各省(自治区、直辖市)人民政府水行政主管部门按照各自职责权限发布地下水通报。《全国地下水通报》内容包括降水量、地下水资源量、地下水位动态、地下水蓄变量、地下水开发利用、地下水水质、地下水超采、地下水管理、重要水事等等。《全国地下水通报》按照季报和年报两种形式。"年报"每年发布一期,"季报"每季度发布一期,每年共四期。

(五)水资源公报编制

水资源公报是政府发布水资源信息的权威媒介,是公众了解我省水情的重要渠道。水资源公报为水资源规划、管理、节约与保护等日常工作提供了重要技术支撑,也是落实最严格水资源管理制度的重要基础工作,多项公报数据已成为评价水资源保护与利用成果的重要依据,并且纳入政府考核。内容主要包括年度水资源量、蓄水动态、供用水量、水资源管理等。

我省《水资源公报》编制工作起步于1985年,是全国开始最早的省份之一。第一次河南省水资源调查评价结束后,为保证水资源系列资料的连续性,1982年由河南省水文总站开始编制《河南省水文年报》,最初为较简单的成果表格,仅作为内部资料保存。根据水电部〔87〕水文源字第87号文的要求,河南省水文水资源总站决定从1988年起编发上年《河南省水资源公报》,增加了水资源开发利用现状等内容。根据《中华人民共和国水法》的有关规定和水利部的指示精神,1995年省水利厅成立了《河南省水资源公报》编辑领导小组,决定由省水利厅编发,河南省水文水资源总站具体负责编制,并要求从1995年起逐年编发上一年的《河南省水资源公报》,以便各级领导和有关部门了解每年我省的水资源现状、供用水情况以及水质状态。通过逐年补充、修改、完善,逐渐形成了一整套比较成熟的体系。建立了一支专人负责、素质较高的公报编制队伍。截止到2017年底,已正式编制发布《河南省水资源公报》23期。

三、河南省墒情监测站现状

2009年以前,河南省共有122处人工墒情监测站。无自动墒情监测站。

2009年河南省遭受了60年来的最大干旱,省财政厅下达专项资金,由河南省水文水资源局负责建设了河南省土壤墒情和地下水自动监测系统建设一期工程,选择黄淮海平原的豫东平原区作为重点实施范围,建设土壤墒情及地下水自动监测系统。共新建固定土壤墒情监测站86处(其中土壤墒情和遥测雨量结合监测站29处,土壤墒情和地下水位结合监测站38处,独立土壤墒情监测站18处,1处综合实验站)。新建地下水自动监测站151处(其中土壤墒情和地下水位结合监测站38处,独立地下水位监测站112处,综合实验站1处)。新建雨量自动监测站68站(其中土壤墒情和遥测雨量结合监测站29处,土壤墒情和地下水位、雨量结合监测站38处,综合实验站1处)。新建综合实验站1处另有风速、日照、湿度、温度、蒸发、人工对比测墒等多个观测项目。

2010年建成后至今已经7年,目前存在设备严重老化、设施安全隐患等问题,急需更新改造。

2011年国家正式批复了国家防汛指挥系统二期工程可行性研究报告,我省共建设18个地市级防办、159个县级防办的抗旱统计上报系统及网络传输系统。在106个县建设106个固定墒情监测点和530个移动墒情监测点,并配备106套固定墒情采集设备、106套移动墒情采集设备。

本项目在2014年由省项目办统一负责招标管理。2015年建设完成,目前项目整体还没有验收。

四、水资源监测信息服务

河南省水资源管理系统项目经过近6年建设,建成取用水监测站点3332个(监测用水类型包括工业、农业与生活用水),能够获取其实时水量信息并统计分析其日、月、年用水总量;完成了河南省水功能区监控体系建设,对河南省水环境监测中心及9个分中心 109 台实验设备进行了更新配置;建立了河南省水资源监控管理信息平台与全省水资源监控会商体系;完成了水源地监控体系建设,实现对 12 个重要集中供水水源地水质的 100% 监测覆盖,并对其中的邙山花园口水源地、白龟山水库水源地、许昌市北汝河大陈闸水源地、南湾水库水源地、漯河市澧河水源地、开封市黑岗口水源地 6 个重要饮用水水源地设立了水质实时在线监测站。

水资源监测服务的内容为:为全省最严格水资源制度执行情况的监督考核提供信息支撑与科学依据;提供全省工农业用水单位的日、月、年用水总量;提供全省重要水功能区与供水水源地的水质监测信息;提供重要供水水源地水质污染应急预警。

水资源监测信息的效益分为社会效益与经济效益两个方面:

(1)社会效益方面:通过河南省水资源管理系统的建设和实施,能挖掘和开发各种与水相关的信息资源,大大提高信息资源的利用率,增加河南省水资源管理的水平,使水资源管理业务水平、工作效率和质量得到很大的提升。它为河南省水资源管理提供全面、具体、科学的决策依据和手段,从而使决策的速度、水平和质量提高到一个新的水平。

(2)经济效益方面:水资源监测信息化从整体上提升了水资源信息采集、收集的数字化水平;信息网络的建设实现了水资源管理行业内部及社会相关部门间的信息交换和无缝连接,有效消除信息孤岛;深度开发信息资源,可以实现管理信息化,决策科学化,从而实现水资源管理整体工作的优化。

五、城市水文工作

水利部水文局高度重视并积极推进城市水文工作。2014 年 7 月,在北京召开了城市水文工作座谈会,印发了《加快推进城市水文工作的指导意见》。2015 年 2 月,水利部水文局转发了《财政部、住房城乡建设部、水利部关于开展中央财政支持海绵城市试点工作的通知》(水文资〔2015〕18 号),要求各地报送城市水文试点城市,省局结合河南省城市发展规划及各地市经济实力,将郑州市、许昌市作为城市水文试点城市报送部水文局。同时结合部水文局及城市水文建设规范要求,编制了郑州、许昌两市城市水文基础设施建设规划方案,于 2015 年 7 月 22 日报送水利部水文局,合计投资 5659 万元。其中,《郑州城市水文基础设施建设规划方案》主要包含新建重要水体自动水位站 5 处、城区主要涵洞积水点水位监测站 5 处、地下水自动观测井 9 处、水质自动监测站 10 处、移动实验室 1 套及城市水文信息处理及发布系统,投资 2650 万元。

《许昌城市水文基础设施建设规划方案》主要包含新建拟建设水文站 1 处、自动水位站 14 处,雨量站 16 处、在线式输水管道水量自动监测站 6 处、地下水水位自动监测井 15 眼、水质自动监测站站点 14 处及城市水文信息处理及发布系统,投资 3009 万元。

与此同时,河南省水文水资源局结合近期其他建设项目开展了部分城市水文工作:

(一)城市雨量站的建设

随着社会经济的发展,各省辖市城区面积不断扩大,城市人口不断增多。2009 年在全省 18 个省辖市增设 79 处雨量遥测站,并将这些城市的雨量观测信息纳入到全省水文信息监测网中。截至目前全省共有 90 处城市雨量站,基本控制了 18 个省辖市的城区降雨分布,其中郑州市区雨量站点达 15 处。城市雨量站按照"重要雨水情信息报送及预警制度"要求,1 小时内降雨量超过 50mm 向各级防汛指挥部门发送预警短信息,2011～2017 年间各级水情部门向省防指、市防指发送各类预警信息 2000 余条。

(二)城市水文站网的调整

随着城市水域的整治和绿化美化,许多城市河道都修建了橡胶坝等挡水设施,影响了原有站点水文测验功能。为此,先后调整了漯河、南阳、信阳、新乡、周口、沈丘、汝州等 10 多处城市水文站测验断面,采用低水和中高水不同的测验方式,进行水文要素的系统观测。

(三)高分辨率面雨量监测系统

2014 年,为了解决传统降雨数据代表性差的问题,省局在郑州市开展了高分辨率面雨量监测系统项目建设,项目于 2015 年汛前试运行,经过 2 年的运行,基本能满足城市暴雨预警预报的需要,系统仍在优化调试中。

系统以雨量雷达的高时空分辨率的格点雨量信息为依托,基于雷达信息专用数据库,依托计算机网络环境与平台,遵循统一的技术架构,实现了郑州市区及周边地区高时空分辨率面雨量的快速采集、传输、处理和应用服务,全面提升了郑州市暴雨监测及重点地区洪涝预警预报能力。

(四)郑州市暴雨洪水预警预报服务系统

2015 年河南省水文水资源局开展了郑州市区暴雨洪水预警预报服务系统建设,2016 年汛期进行了试运行,主要研究内容包括:

1. 郑州市洪涝孕灾环境演变规律分析

开展了郑州市暴雨洪涝灾害敏感性区域划分、郑州市暴雨径流特征及暴雨强度公式修正、积水点调查及原因分析等研究。

2. 构建郑州市暴雨洪水模型

模型基于物理机制的,采用质量、能量和动量守恒原理描述暴雨洪水径流,模型涉及的主要物理过程包括地表产流、地表汇流、管网汇流以及地表积水过程。其中城市区域的汇水区主要与人类活动和管道布设有关。根据郑州市区 8 大排水分区,以及现状和规划管网情况,将郑州市区管网概化为 2435 个节点(雨水井),最后对模型进行运算和封装,为预警预报服务系统提供数据支撑。

3. 建立郑州市内涝动态仿真系统

以郑州市暴雨洪水模型演算结果为数据支撑,基于 WebGIS 技术开发城市内涝预警预报仿真系统,可以根据历史降雨资料和设计降雨,识别郑州市暴雨洪水风险,也可以根据遥测实时雨量数据或者雷达预报雨量数据对郑州市暴雨洪水预警预报。通过汛情信息的实时监测与管理、郑州市暴雨洪水模型仿真模拟、雨洪预警等功能模块,最终为防汛预警和应急调度提供决策依据和技术支持。

项目结合了现代化降雨监测及信息技术,利用高分辨率雷达区域(面、点)雨量自动监测技术成果和高精度数字地理信息,收集整理典型区气象、水文、郑州市管网和土地利用等基础数据信息,研制精细的郑州市洪涝分布式模拟模型,分析在不同暴雨情景下雨水管网与河道流量变化关系,建立了内涝动态仿真模拟、动态分析和展示郑州市关键街区淹没水深、淹没过程,能够发布洪涝预警,为郑州市暴雨洪水事件的防灾减灾提供准确有效的技术支持,填补了河南省城市水文建设和新技术应用的空白。

(五)重点推进郑州等主要城市水文工作

《河南省水文基础设施总体方案(2014～2020年)》,已经省发展和改革委批复实施,按照总体方案规划,考虑到城市化进程的不断加快,城市供水、水域污染、河道淤积、生态退化、热岛效应、城市资源型缺水、水质型缺水等问题频发,将分年度新建城市水文水生态站(38处)项目。总体方案实施后,可以根据河南省经济发展现状及城市水文水生态监测需求,开展以重要城市水源地、游览区大型水域为主要对象的城市水文水生态环境监测工作。同时提出优化生物指标和生物指标的选取,配置水质多参数测定仪、生物毒性测定仪、叶绿素测定仪等自动在线监测设备,全面开展水域内有毒有机物监测及水体沉积物、水生生物、鱼体残毒、污染毒性试验等水生态监测,建立生态预警系统等行之有效的工作方案。

2016年,省局组织编制了《全国水文基础设施建设郑州水文实验站实施方案》,经省发改委批准,同时省水利厅也批复了相应的机构和人员编制,已于2017年实施。郑州城市水文实验站是全国规划建设的三个城市水文实验站之一,定位为城市综合水文实验站,立足城市,面向全省,拟在研究区域内开展人类活动影响下城市降雨径流规律、城市暴雨洪水预警预报系统完善与提升等七个方向的研究。主要包含以下内容:

1. 人类活动影响下城市降雨径流规律

开展降水在城市时空分布上的变化、城市蒸发与城市环境变化关系、土壤水的变化规律、产汇流单元划分、产流参数的模拟及率定、地表汇流、管网汇流等方面的研究内容,将为城市发展规划、城市建设、城市水环境与生态保护等建设规划提供数据基础及技术支撑。

2. 节水型示范小区建设及指标体系

随着海绵城市、节水型示范城市的大力发展,通过建设节水型示范工程,开展长期的、综合的观测实验分析,为节水型社会建设提供决策依据。节水型小区建设是节水型社会建设的基本单元,把郑州水文实验站作为节水型示范小区建设,新建雨水收集系统、水循环利用系统及实时监控系统,同步开展蓄水水质、水生态变化监测与示范小区节水、蓄水系统建设指标体系研究,提高水资源的合理利用和开发水平,通过示范和带动,为节水型社会建设提供技术保障,促进郑州节水型社会建设工作。

3. 城市暴雨洪水预警预报系统完善与提升

"郑州市区暴雨洪水预警预报服务系统"在应用过程中,针对模拟分析的郑州市城区内主要积水路段(点)建设监测系统,通过积水深度、积水面积和积水量等数据对城市暴雨洪水预警预报系统模型进行检验和参数修正,减少模型模拟误差。同时开发蓄水变动与洪水演进模型,为进一步开展的城市暴雨洪水预警决策服务提供科学依据。

4. 城市水生态规律

通过对全市水体大范围、典型区域水生态系统调查摸底,包括浮游植物、浮游动物、水生生物、底栖动物、水生植物、鱼类及相应栖息地、岸边带等采样与调查,及时、准确、全面地反映水生态系统现状。开展长时期的水生态系统连续采样监测,定量分析水文、水质等背景要素与水生态系统的关系,明晰水生态系统的变化趋势。其研究可为水生态文明建设、水生态修复、生态预警等提供科学依据。

5. 人类活动影响下的城市

河南省政府将郑州市主城区划定为深层承压地下水禁采区,因此,摸清郑州市不同层位地下水实时信息,开展城市地下水变化规律研究,是落实最严格水资源管理制度的具体体现,对郑州市严格地下水管理和保护具有重要意义。在充分利用现有监测井及在建的国家地下水监测井的基础上,建立超深层地下水自动监测井,开展郑州市超深层地下水实验监测,完善城市地下水监测井网空间布局,实现对郑州市浅层、中深层、深层及超深层地下水位的全部含水层实时监测,为郑州市城市超采区综合治理、南水北调受水区地下水压采实施方案等工作,提供及时、准确、全面的地下水动态信息反馈资料,从而为深入研究城市超采区压采量与地下水位关系、城市开采量与地下水位关系等人类活动影响下的城市地下水变化规律研究,提供重要基础数据支撑。

6. 遥感技术在水文水利工作中的应用

应用国产卫星遥感资源远程数据站、低空无人机遥感监测系统、地面移动遥感监测平台等图像数据信息,开展遥感解译算法,及时提取地表水体调查、地表水体动态监测、积雪覆盖调查、湿地资源调查、水体富营养化监测、悬浮固体、土壤侵蚀监测、水土保持治理与监督、旱情监测等方面的基础地理信息,服务于水资源管理、水环境监测、水土保持、水利工程检测、防洪抗旱等业务。

7. X 波段雷达在城市雨量监测中的应用及优化

通过建设多个雨量计阵与现有雷达测雨系统进行同步观测,针对不同的降水类型、时段,对比分析两者的测量结果来进一步验证雨量探测精度。同时,增加不同品牌的多台雨滴谱仪,进行比测选型,利用雨滴谱仪优化有关算法,提高算法精度。

郑州城市水文实验站的建设将进一步提高城市水文的监测、预警预报服务水平,满足新时期城市水文工作发展的要求。

第八部分　水质监测评价

　　河南省水质监测工作不断加强,监测范围得到扩展,监测能力进一步提升,地表水和地下水的监测频次逐步增加,监测资料通过逐年整编不断标准化,水质评价工作通过信息化手段,水平上了一个新台阶,水质工作在此期间取得了一定成效。

一、水质监测基础工作

(一)地表水水功能区监测及评价

　　省局积极拓宽水质监测范围,对全省水质监测站网进行了全面调整和完善,从2011~2013年实现了区划河流和水功能区的全覆盖监测。全省每年监测水功能区482个,除省辖黄河干流的8个功能区和省辖淮河流域的17个省界功能区由流域机构实施监测外,全省水文系统承担了其余457个水功能区的监测和评价工作。监测范围由12个水系、65条河流扩大为14个水系、134条河流,监测水质站由120处增加到487处,评价河流长度由4692km增加到10896.8km,大幅度地提高了河流水系水质监测覆盖率。

　　2014~2017年,为了满足水功能区达标考核工作的需要,我省水功能区监测范围保持和国家重要江河湖泊水功能区名录范围一致,按照省辖四流域重要江河湖泊水功能区监测方案的要求,全省247个水功能区纳入重要江河湖泊水功能区范围,"十二五"期间国家考核的重要江河湖泊水功能区有164个,"十三五"期间,国家考核的重要江河湖泊水功能区有179个,根据水利部和四流域的工作方案及技术细则,除40个水功能区由流域监测外,我省需监测水功能区207个。2017年6月起,为进一步满足河南省水功能区达标考核工作需要,由流域监测的40个功能区我省也开始实施监测。其中水功能区监测断面、监测项目与监测频次的设置严格遵循《水环境监测规范》(SL219—2013)和《全国重要江河湖泊水功能区水质达标评价技术方案》等相关要求。具体为:监测频次全部提升到12次/年,每月中上旬进行水质采样化验工作,监测项目从2011~2013年的19项逐步扩大到29项,分别是:水温、pH、溶解氧、高锰酸盐指数、化学需氧量、五日生化需氧量、氨氮、总磷、总氮(湖库必测)、铜、锌、氟化物、硒、砷、汞、镉、六价铬、铅、氰化物、挥发酚,石油类、阴离子表面活性剂、硫化物共 24 项,饮用水源区在此基础上增加硫酸盐、氯化物、硝酸盐、铁和锰 5 项。

为全面了解我省水资源质量状况,保障人民饮水安全,合理开发利用和保护水资源,我省在组织完成年度全省水质监测工作的基础上,每年都组织年度资料整编会议,对全年的资料进行纵向的审核和评价,并在下一年度的监测工作中对不足之处进行改正。

2011 年面对监测数据大幅增加的情况,迫切需要我们寻找新的评价途径,通过一年的摸索和改进,2011 年底的资料整编首次采用了软件评价系统,并通过全数据的人工比对,验证了人工和软件系统中 69000 多个地表水和 9600 多个地下水监测数据的评价结果,首次实现了评价的全自动化,评价人员从过去全省 40 人历时一星期,提高为只需要 3 个人历时 1 天,即可完成所有数据的评价。节省了大量的人力物力,缩短了整编时间,提高了评价及统计的准确度。

根据年度资料整编会议的成果编制出的历年《河南省水资源质量年报》,为各级水行政主管部门了解全省水质状况并进行管理、决策提供了有力的技术支撑。

(二)地下水水质监测及评价

2014～2017 年,根据水利部和流域的工作安排,我省共布设地下水井 222 眼,由于部分地下水井被封或采样问题,实行就近替代、总数不变的原则,每年实际监测井数为 221～227 眼,监测项目根据《地下水质量标准》(GB/T14848—93),共 39 项,其中必测项目 20 项,选测项目 19 项,监测频次为 1 季度 1 次。相关监测项目和质量管理严格按照水环境监测规范的要求进行。

(三)入河排污口水质监测及评价

我省积极配合各流域机构开展入河排污口的核查与监测工作,淮河流域 1997 年第一次组织开展城镇入河排污口核查监测,从 2000 年开始,每年都进行入河排污口核查监测;河南省辖海河流域入河排污口调查监测工作于 2003 年第一次开展,以后又于 2005 年、2007 年、2011 年和 2012 年进行了入河排污口的调查和监测;河南省辖黄河流域入河排污口调查监测工作也是 2003 年第一次开展,2005 年、2007 年和 2011 年又进行了调查监测。省水利厅于 2013 年开始,安排对河南省 400 个重点入河排污口进行监测,河南省长江流域在 2013 年和 2014 年对全省重点排污口监测中部分进行了监测。部分地市也组织开展了入河排污口的监督监测工作。

(四)其他监测工作

设立尖岗水库为水生态监测试点,2014 年 5～11 月共监测 7 次,对尖岗水库的藻密度、优势种群、叶绿素 a 含量、透明度、水温、pH、溶解氧、高锰酸盐指数、总磷、总氮等项目进行了监测,并分月进行了水质类别评价和水化学风险评估。

二、水质监测管理工作

河南省水环境监测中心严格按照《水质监测质量管理监督检查考核评定办法》等七项制度的工作要求,结合中心质量管理体系,对省中心及全省 9 个分中心进行严格的质量管理。

为了保障水质监测工作质量,我省积极参加部中心和流域中心组织的各类专业技术培训,并加强常规质量控制工作。2011~2017 年,我省积极组织人员参加部水文局针对管理岗位和评价岗位的各类技术培训,累计培训 484 人次,培养了一批专业管理人员和检测人员。2012 年,根据水利部《关于加强水质监测质量管理工作的通知》(水文〔2010〕169 号)和水利部《水质监测质量管理监督检查考核评定办法》等七项制度(办法)要求,我省组织人员深入学习,结合我省实际情况,编制了《河南省水环境监测中心管理制度汇编》,中心所有人员严格根据此制度实施水质监测和评价等相关工作。2015 年水利部新的七项制度出台,我省又在全国首家举办新旧制度的对比培训学习班,及时更新业务人员的专业知识,提升监测人员的业务水平,受到水利部和四流域的广泛好评。

2014 年 11 月组织"新增人员技术培训班",对 2008 年 7 月之后入职的 27 名新增人员进行了全面的培训,内容涉及水功能区达标考核方法、《地表水资源质量评价技术规程(附条文说明)》(SL395—2007)中的评价技术规程及达标考核评价要求、实验室管理及计量认证的具体要求、近年新增大型仪器简介、能力验证和实验室间比对计算方法等六个大项的具体工作,使新入职人员对水质工作第一次有了整体的概念和了解,为以后管理人员和评价人员的人才培养做好了初步准备。

每年度通过组织"离子色谱仪分析技术培训班","连续流动分析仪分析技术培训班"等各类技术培训,使各中心的技术能力和业务水平适应新增仪器和新增工作量的需求。

根据部水文局工作安排,2011~2017 年,省中心共参加 14 项部中心组织的能力验证与考核,分中心共参加 13 项能力验证与考核,均取得较为满意的成果。在 2010~2013 年水利系统水质监测质量管理评定工作中:信阳、商丘、周口三个分中心被评为优秀实验室,省中心、南阳、安阳、洛阳、新乡、驻马店六个中心被评为优良实验室。

省中心每年组织各实验室之间开展盲样控制和实验室比对工作。2011 年以来，分别对高锰酸盐指数、五日生化需氧量、挥发酚、氰化物、阴离子表面活性剂、硫化物、硫酸盐、氯化物、氟化物、硝酸盐氮、亚硝酸盐氮等多个项目进行质控考核。

为了保障管理体系持续改进，我省每年组织实验室间内部质量审核工作，12 月中下旬各中心相继编写完成本年度质量管理报告，提交省中心审核和汇总。最终形成全省年度质量管理报告，上报流域机构和水利部。

2013 年以来，通过中央分成水资源费国控能力建设、国家水资源监测能力建设和中小河流水文基础设施建设等项目，共计为全省 10 个监测中心购置 5 个批次 85 台（套）的水质监测仪器设备，全省水质监测能力有了进一步的提高。省中心添置了 ICP – MS、连续流动分析仪、高效液相色谱仪、总有机碳测定仪、总放射性 αβ 测定仪、BOD 测定仪、生物毒性仪、便携式多参数测定仪、叶绿素仪等仪器设备；更新了离子色谱仪、原子吸收分光光度计和原子荧光光度计等仪器设备。这些仪器设备的投入使用使省中心具备了非挥发性有机物的监测能力，重金属检测能力从 12 项增加到 20 项。各分中心配备了连续流动分析仪、气相色谱仪、离子色谱仪、红外测油仪、BOD 测定仪、高速冷冻离心机、便携式叶绿素仪等仪器设备；挥发酚、氰化物和阴离子等项目的监测结束了数年来以人工操作为主的实验方式，提高了检测效率。

陆续对省中心、许昌、新乡、商丘、周口、南阳、信阳、驻马店、洛阳等 9 个实验室进行了环境改造，水质分析工作条件显著改善，并新增实验室面积 3757m²。

在保障实验室安全方面，加装了门禁、防盗网和监控系统，对消防设施进行了升级；购置了无管道静气型药品柜，改善了药品存放环境；为有机分析人员配备了护目镜以及防护服，保障了化验员安全。

截至 2017 年底，配备有电感耦合等离子发射光谱 – 质谱仪（ICP – MS）、高效液相色谱仪（HPLC）、气相色谱仪、连续流动分析仪、离子色谱仪、原子吸收分光光度仪、原子荧光光度计、测油仪等分析仪器设备，总计 450 台（套），设备总资产 3026.7 万元。现有人员 87 人，其中：高级技术人员 27 人、中级技术人员 34 人，专业涉及分析化学、环境监测、水文水资源、环境工程、计算机等。

通过人员素质的提高和设备仪器的配置，2013、2016 年，各实验室均顺利通过国家计量认证复查换证，获得各位评审专家的高度好评。其中 2016 年评审组认为我省具备所申请的水（含地表水、地下水、饮用水、污水及再生水、大气降水）、底质与土壤 2

大类 83 项参数的检测能力,同意通过国家资质认定复查评审。此次复查我省水环境监测新增认证参数 14 项,在重金属离子和不挥发性有机物等方面监测能力取得了进一步的提升。

2017 年,水利部水文局委托淮委水保局对我省商丘、信阳、周口三个分中心进行了水质监测质量管理监督检查,检查组现场考核了人员基本操作技能、盲样,查阅了相关档案记录和监测原始资料,对三个分中心和我省的质量管理工作予以高度评价和肯定。

三、成果报告编制工作

每月完成全省 207 个重要江河湖泊水功能区的水质监测与评价,编制通报发放有关政府部门,发挥水资源保护的前哨和尖兵作用;每半年进行一次全省 222 眼地下水的水质监测与评价,为地下水水质保护提供基础信息;每季度对 400 个入河排污口进行调查监测,对预测环境污染趋势、保障饮水安全有重要意义。

编制完成的《河南省水资源保护规划》、《城市集中饮用水水源地安全保障规划》、《水功能区纳污能力核定及限制排污总量方案》、《河南省水资源保护水质监测规划》等,在我省水资源管理与保护、落实最严格水资源管理制度中发挥很好的作用,促进了水环境质量的改善和提高。

为了研究地表水污染对地下水水质的影响,在淮河流域水资源保护局的帮助下,在商丘古宋河开展了地表水污染对地下水水质影响的研究工作,经过一年多的试验监测,取得了第一手的监测资料,通过对大量数据的分析研究,取得相关的研究成果,得到了流域机构及评审专家的好评,研究成果 2011 年获得商丘市科技进步一等奖和省科技进步三等奖,同时为水资源保护及相关规划工作的开展提供了理论基础。

近年来,我省部分流域湖库水质富营养化严重,水华频发,不但直接损害湖库生态系统的健康,而且还威胁到了饮水安全,甚至引发城市供水危机,形势颇为严峻。为有效预防水体富营养化和水华发生,2011 年对全国生态(藻类)监测试点郑州市饮用水水源地尖岗水库实施了藻类监测,2012 年、2013 年对我省淮河流域大型水库实施了藻类普查,获取监测数据 3000 余组,各类藻类图片 2000 余张,完成的《河南省淮河流域大中型水库的藻类监测与水体富营养化调查研究》2017 年获省水利科技进步一等奖。以上工作的实施开展,为有针对性地探索我省湖库型水体的富营养状况及季节性变化规律,为水资源管理与调度提供科学依据。

　　有毒有机物具有毒性、持久性和生物蓄积性,能产生致癌、致畸、致突变效应,是危害最大的污染因素,对人类健康可产生长远的危害和影响。自 2013 年率先开展了郑州市地表水功能区苯系物、挥发性卤代烃和藻毒素等 10 余项有毒有机物参数的常态化监测,同时对我省部分大型饮用水水源地实施了有毒有机物现状调查及风险评价研究。对预测环境污染趋势、保障饮用水安全性和防治有害物质对人群的进一步危害等方面发挥了重要的作用。

　　为摸清全省水资源承载能力,核算经济社会发展对水资源的压力与承载负荷,目前我省正在积极开展《河南省水资源承载能力监测预警》项目,通过对水功能区、入河排污口、地下水等监测,对全省县域水资源承载状况进行动态评价,建立水资源承载能力动态监测预警机制,为构建政策引导机制和空间开发风险防控机制,促进水资源与人口经济均衡协调发展提供有力的技术支撑。

　　编制了年度《河南省水资源质量年报》、《黄河流域水功能区达标评估和达标建设方案》、《淮河水质水污染联防水质简报》、《河南省水功能区水质通报》、《郑东新区水系质量通报》。

　　从 2014 年开始,每年年初协助省水利厅编制《年度最严格水资源管理制度自查报告》,参与省水利厅对各地市最严格水资源管理制度的考核;每月对我省参与达标考核的重要水功能区进行达标评价,按时向上级部门报送月度考核结果。

　　以上各项地表水、地下水水质监测与水资源质量评价及信息发布及报告编制,为河南省水利厅水资源管理与保护提供决策依据,为落实最严格水资源管理制度提供技术支撑,也在打赢水污染防治攻坚战中发挥着作用。

第九部分　信息化建设

2011～2017 年,河南省水文信息化建设管理工作取得跨越式发展,通过河南省山洪灾害防治县级非工程措施建设项目和全国中小河流水文监测系统建设工程,采用全省水利系统统一技术标准,以全省防汛计算机网络系统为依托,新建三门峡、鹤壁、济源、焦作 4 个勘测局计算机网络系统,更新改造省局信息网络机房和郑州、洛阳、平顶山、新乡、许昌、南阳、信阳、驻马店、漯河、商丘、周口、濮阳、开封、安阳等 14 个水文水资源勘测局计算机网络系统,信息传输交换能力得到很大提高;建成应急监测通信系统,配置 123 台北斗手持终端机,应急通信保障能力空前提高,建成省局、18 个水文水资源勘测局、34 个水文站远程视频防汛会商系统;建成包括 86 个水文站和 185 个巡测站的远程视频监控系统,为防汛指挥、抢险救灾提供决策依据和实时会商、调度平台;水文数据库建设持续加强,完成 1991～1996 年、1999～2005 年共 13 年水文资料收集、整理、汇编、审核和排版刊印,并在此基础上,建成河南省水文数据应用管理服务系统;建成综合办公系统、河南水文信息网网站群系统、水质监测与评价信息服务系统、河南水文档案管理系统、河南水文设施设备管理系统和河南省水文监测人员档案信息管理系统,全面提升了信息化水平和服务能力,提高了工作效率、管理水平和业务水平。对宣传我省水文工作、提高水文工作知名度发挥积极作用,为领导科学决策、防汛指挥、抢险救灾、水资源管理等发挥更大的社会效益。

一、加强计算机网络系统建设,信息传输服务能力进一步提高

(一)信息网络机房更新改造

省水文局对原有 64m² 办公用房进行改造装修:窗户加装防雨、隔热铝合金窗和遮光窗帘,地面基层刷 3 遍防尘防潮漆,铺橡塑保温棉,进行保温处理;安装高度为 250mm、规格 600mm×600mm 的全钢防静电架空活动地板;从后勤服务中心电力机房架设专用供电电缆,配置配电柜和 45kVA、延时 2 小时 UPS 不间断电源系统为机房设备提供持续稳定的电源保障;消防系统采用柜式七氟丙烷气体灭火装置 2 套,防火区

间容积 220m³；建设三级防雷接地系统，接地电阻小于 1 欧姆；配置服务器标准机柜、防火墙、漏洞扫描、交换机等安全和网络设备，采用千兆光纤通过网络防火墙与省水利广域计算机网络核心交换机连接。

更新改造后的省水文局信息网络机房，为交换机、服务器、存储、安全等信息化设备提供了适宜的运行环境，保障了信息化设备安全运行，扩充了网络容量，提高了网络性能和安全性，保障了水文数据安全，为水文信息化的发展提供了坚实的基础。

（二）勘测局防汛计算机网络系统建设及更新改造

新建三门峡、济源、焦作、鹤壁等 4 个勘测局防汛计算机网络系统：改造装修信息网络机房，配置空调、机柜、交换机、防火墙、服务器、UPS 电源系统等网络设备以及激光打印机、笔记本电脑、台式计算机办公设备，通过租用本地联通 10Mb/sMPLS－VPN 数字光纤电路，连接本市水利局计算机网络，与水利局共用 10Mb/sMPLS－VPN 数字光纤电路上联省水利厅，实现和省水文局的网络连接。

对郑州、洛阳、平顶山、新乡、许昌、南阳、信阳、驻马店、漯河、商丘、周口、濮阳、开封、安阳等 14 个勘测局的防汛计算机网络系统按照统一标准进行升级改造，配置更新交换机、UPS 电源系统，配置激光打印机、机柜、笔记本电脑、台式计算机等办公设备。

通过防汛计算机网络系统建设及更新改造，实现了全省 18 个勘测局计算机网络全覆盖，进一步增强了网络的稳定性和安全性，为河南水文防洪减灾、水资源规划管理、水生态保护等业务的开展提供了坚实的网络支撑。

二、应急通信保障能力整体提升

为保证在现有通信中断的情况下，河南水文抗洪抢险救灾指挥保持畅通。2012 年，河南省水文水资源局依据《水利应急通信系统建设指南》设计，建设了河南水文应急指挥通信系统。该系统采用地球同步通信卫星为主传输信道，3G 移动通信、短波、超短波信道为辅，依托水利系统现有通信资源，与河南省防汛抗旱指挥中心构成固定和机动指挥体系。具有相互补充、互联互通、独立指挥的功能。

该系统由地面指挥中心、中型指挥车和小型指挥车构成。地面指挥中心依托厅防汛抗旱指挥中心设立，采用 4.5m 口径的地面天线，16W 卫星功放；中型指挥车由奔驰商务汽车改装而成，卫星设备采用车载站 VASTTY－S120K 天线及伺服设备，采用 40W 卫星功放；小型指挥车由丰田越野汽车改装而成，主要装备单兵通信设备。

该系统多次在既有通信无法到达现场的情况下，深入一线，在第一时间将抗洪抢险现场雨水情信息、音视频信息，传送至防汛抗旱指挥中心，为雨水情分析，抗洪抢险决策提供重要信息,担负着河南省水利系统应急抢险指挥任务,对河南省的防汛抗旱和应急抢险工作发挥了重要作用。

2017 年针对系统使用中出现的问题,结合 4G 移动通信技术的快速发展,对系统进行了升级改造。新增了 4G 移动通信信道,视频设备由标清升级为高清,实现了与视频会商系统、水利通信专网、国家应急平台的互联互通。

2016 年,为确保现有通信中断情况下,各水文站能及时报汛,全省水文系统紧急采购 123 台北斗手持终端机。紧急配发到各有关单位,在汛期投入使用,并进行了技术培训,制定了《北斗手持终端机使用管理办法》,极大地提高了基层单位的应急通信能力,河南省水文系统应急通信能力也得到整体提升。

三、信息服务能力进一步增强

(一)异地防汛会商视频会议系统建设取得突破性进展

2012 年,抓住河南省山洪灾害防治县级非工程措施建设项目契机,租用联通公司数字光纤电路,以全省异地防汛会商视频会议系统为依托,采购视频会议终端、摄像机、扬声器、功放、调音台等设备,改造装修视频会商会议室,建成省水文局以及郑州、洛阳、平顶山、新乡、许昌、南阳、信阳、驻马店、漯河、商丘、周口、濮阳、开封、安阳等 14 个水文水资源勘测局、34 个水文站异地防汛会商视频会议系统。

2013 年,通过全国中小河流水文监测系统建设工程,建设济源、焦作、三门峡等 3 个勘测局异地防汛会商视频会议系统,2016 年建成投入应用。

全省异地防汛会商视频会议系统为防汛指挥、抢险救灾提供实时会商、调度指挥、日常会议、业务学习提供了平台,自投入应用以来,提高了全省水文系统信息化水平,在防洪减灾、水资源调度管理、水生态保护方面发挥了重要作用。

(二)水文站远程视频监控系统服务能力显著增强

2012 年,通过河南省山洪灾害防治县级非工程措施建设项目,以全省防汛计算机网络为依托,与远程视频防汛会商系统共用联通数字光纤电路,建成 34 个重点水文站远程标清视频监控系统;2013 年通过全国中小河流水文监测系统建设工程项目,建成 52 个水文站视频监控、185 个巡测站图片监控,实现了对水文站监测断面水情、水势的实时远程监控,通过租用的联通数字光纤电路和 3G 无线网络,将监控数据实时传输到省、市两级防汛指挥中心,为防汛减灾决策指挥提供了直观可靠的依据。

四、信息化水平显著提高

(一)数据库建设

建成地表水、地下水、水质和水资源数据等水文数据的整理录入,建设完善了水文数据库,并在此基础上,建设完成了水文数据管理服务应用系统,极大地提升了水文对社会的服务和支撑水平,截至 2017 年底,按照《基础水文数据库表结构及标识符标准》(SL324—2005)组织存储,总数据量达到约 1.5GB。

(二)综合办公系统

建成综合办公系统,包括内网门户、协同办公、电子公文交换、方正电子印章、即时通信、网盘、移动办公等子系统,为办公和业务数据共享、传输搭建了平台;为各单位、员工之间交流沟通提供了方便快捷的技术手段;实现了省中心和 18 个水文巡测基地之间安全快捷的电子公文共享和交换,提高了办公效率,节约了办公费用,提高了工作效率;促进了全省水文系统管理水平和决策水平的不断提高。

(三)河南水文信息网网站群系统

在原河南水文网网站的基础上,进行前台网页改版和后台内容管理系统升级,由省局主站和 18 个勘测局子站组成,功能包括文字、图片、音视频信息在线编辑、审核、发布、检索,实现了主站和子站之间信息的推送和共享。设置的栏目有通知公告、水文新闻、组织机构、水文业务、水文科技、水文文化、政策法规等。网站群的建成,为全方位宣传河南水文工作和水文人精神,服务社会公众,加深社会对水文工作的理解和支持搭建了平台。

(四)水质监测与评价信息服务系统

建成省水质监测中心和信阳、南阳、驻马店、商丘、周口、许昌、洛阳、新乡、安阳 9 个水质监测分中心水质监测与评价信息服务系统;实现了水质监测数据的传输、存储和便捷查询,动态反映了江河湖泊水功能区的水质变化,提高了对突发性水污染事故的预警预报能力,满足了各级水行政主管部门对水质数据信息的快捷需求,更好地为水资源管理和开发利用与保护工作提供平台支撑。

(五)河南水文设施设备管理系统

建成河南水文设施设备管理系统,采用先进的 RFID 识别、物联网和软件开发技术,实现了中小河流主要设施、设备等资产实时自动化盘点管理、实时监管、实时调度管理及 24 小时安防预警。

（六）河南水文档案管理系统

收集、整理、录入水文档案,对历史资料进行电子化管理,建设历年水文年鉴、原始资料、文书档案、科技档案、基建档案目录查阅平台,实现省水文局和18个勘测局档案的网络化、数字化、流程化和标准化管理,面向水文系统和社会公众,提供准确、精细、迅捷的档案服务。

（七）河南水文监测人员档案信息管理系统升级改造

实现了人事信息及人事档案的电子化管理,有效管控和发挥广大水文职工的积极作用。

水文信息化各建设项目的完成,全面提升了我省水文系统各单位信息化水平和服务能力,提高了我省水文系统的工作效率、管理水平和业务水平。对宣传我省水文工作、提高水文工作知名度发挥积极作用,为领导科学决策、防汛指挥、抢险救灾、水资源管理等发挥更大的社会效益。

五、信息化管理科学规范

为保障信息化项目正常、稳定、安全运行,发挥工程投资效益,自2016年起,省水文局申请远程视频监控系统、河南水文网站群系统、远程视频防汛会商系统运维专项资金,通过竞争性谈判等方式,采购备品备件,面向社会采购运维服务,对视频监控各站点、远程视频防汛会商系统各会场设备和线路清洁、维护、保养、维修、抢修,对网站群主站和18个子站修改更新完善,满足业务需求;加强安全防护,调整安全规则,确保各系统安全运行。

第十部分　科技教育

一、水文科技

加快建设创新型国家——"加强应用基础研究,突出关键共性技术、前沿引领技术、现代工程技术、颠覆性技术创新""培养造就一大批具有高水平的科技领军人才、青年科技人才和高水平创新团队"是今后一个时期河南省水文科技工作发展的方向。

水文科技创新是深入贯彻落实十九大关于"创新型国家"的必然要求。构建良好的环境,尊重人才、尊重科技工作是实现水文创新的基础;激发广大技术人员的科研积极性,组织科技人员搞科技攻关,切实推进水文科技创新工作的发展是水文科技的目标;积极推荐、奖励优秀的科技人员,是对人才价值的认可。

河南省水文水资源局这七年共组织申报水利科技攻关项目 120 项,批准立项 84 项,结题通过鉴定并获得奖项 19 项,其中水利科技进步一等奖 14 项,二等奖 5 项。推荐申报河南省科学技术进步奖 5 项,获奖 3 项(二等奖 1 项、三等奖 2 项)。组织申报河南省自然科学学术奖 17 项(论文 10 项、决策研究成果 5 项、著作 2 项),获奖 7 项(河南省自然科学奖优秀学术著作一等奖 1 项、三等奖 1 项;河南省自然科学奖优秀决策研究成果二等奖 1 项、三等奖 3 项;河南省自然科学奖优秀论文奖三等奖 1 项);组织各类论坛征文 50 余篇,入选"第二届中国水利信息化与数字水利技术论坛""全国水文监测新技术应用学术研讨会""2015 年治淮论坛暨淮河研究会第六届学术研讨会"等,或在论坛中宣读、交流或集结出版;组织河南省重大水利科研课题 21 项,申报 6 项,组织申报水利部公益科研项目 1 项,组织申报河南省科技攻关项目 4 项,立项 1 项,获得省财政科研资金 8 万元。

2017 年开始,根据国家科技部《科技成果登记办法》(国科发计字〔2000〕542 号)及《国务院办公厅关于印发促进科技成果转移转化行动方案的通知》(国办发〔2016〕28 号)要求,河南省的科技成果登记全部利用"国家科技成果登记系统软件(在线版)"实行在线登记,河南省水文水资源局(成果完成单位)作为四级登记机构,统一负责省局各处室及各勘测局验收后科研项目的成果登记,2017 年组织科研项目验收 5

项,进行成果登记 5 项,完成成果登记 5 项,获得成果登记证书 5 项。

积极推行产、学、研用一体化的科研方向,加强科研项目的应用,加大推广力度。《流量自动监测技术在淮河上游推广应用》获取推广经费 30 万,完成并通过专家验收。

加强行业标准、地方标准的制定。2011～2017 年组织申报河南省地方标准项目 5 项。《河南省水文业务经费定额》已于 2016 年 11 月 30 实施;《河南省水文水资源数据整理汇编技术标准》已通过专家咨询,即将颁布。

在大力开展科研课题、重视科技创新、加强技术推广、组织制定标准等科研活动的同时,不忘重视人才、推荐人才、体现人才的价值。

由河南日报报业集团、省委农办、省农业厅、省水利厅、省林业厅、省畜牧局、省教育厅、省农科院、团省委、省妇联联合主办,河南日报(农村版)承办的"雏鹰杯"首届河南十大三农科技领军人物,推荐了河南省水文水资源局教授级高工王鸿杰总工程师参选并当选。

向国家科学技术奖励评审专家库推荐"国家科学技术奖励评审专家"3 人入库、推荐 27 名专家进入"河南省科技专家库",推荐"河南省首席科普专家"1 人,推荐"河南省青年科技奖"2 人、"河南省青年科技人才"1 人;推荐"首届河南省水利科技青年"2 人并获得"河南省水利青年科技专家"称号。

协助河南省水利学会进行"河南省水利学会专家库"的建立。按专业类型共收集全省 47 个水利单位、351 名各类专家的基础信息,最终入库专家 351 人、首席专家 38 人。

二、水文人才队伍发展

河南省水文水资源局党委高度重视技术人员的队伍建设,不断推进培训教育的深度和广度,通过近几年的不懈努力,呈现出"四注重四增强"的特点,即:注重理念更新,对职工教育工作重要性的认识普遍增强;注重制度配套,管理的科学化、规范化程度得到增强;注重能力建设,职工教育的针对性和实效性得到增强;注重职工教育结果使用,专业技术人员参训的内动力有所增强。使干部职工的教育培养、成长进步走上良性发展轨道,人才结构和职工整体素质与水文现代化建设形势相适应,以满足水文改革与发展对职工素质的要求,为实现水文现代化提供人才保障和智力支持。

近年来河南水文职工的文化素质和技能有了明显的提高,全省水文系统现有水文职工 1065 人,其中专业技术人员 818 人,占全省职工总人数的 76%。目前,全系统职工拥有教授级高级职称 50 人,副高级职称 163 人,中级职称 339 人和初级职称 266 人;省管专家 1 人,省学术技术带头人 5 人,水利专家 6 人。